Klaus Stanke, Peter Koch

# 50 Jahre Systematische Heuristik

Rohrbacher Manuskripte. Heft 23

LIFIS – Leibniz-Institut für Interdisziplinäre Studien
https://leibniz-institut.de

Rohrbacher Manuskripte     Heft 23

# 50 Jahre Systematische Heuristik

Klaus Stanke, Peter Koch

LIFIS – Leibniz-Institut

für Interdisziplinäre Studien, Berlin 2021

Rohrbacher Manuskripte

herausgegeben von Hans-Gert Gräbe

Heft 23

Bibliografische Information der Deutschen Nationalbibliothek: Die Deutsche Nationalbibliothek verzeichnet diese Publikation in der deutschen Nationalbibliografie; detaillierte bibliografische Daten im Internet unter `http://dnb.dnb.de`.



Redaktion dieses Heftes: Hans-Gert Gräbe, Leipzig
Herstellung und Verlag: BoD – Books on Demand, Norderstedt
ISBN 9783754308394

# Inhaltsverzeichnis

# Zum Geleit

50 Jahre zurückdenken ist gar nicht so einfach; manches ist aufgehoben worden, aber eben nicht methodisch-systematisch – und schon zeigt sich, intuitives Vorgehen beim Wegwerfen ist für eine spätere Aufbereitung eben nicht optimal.

Aber hier hat die große Breite an Mitmachern und Interessierten geholfen, trotzdem ein nützliches Zeitdokument zu erarbeiten, was einen geeigneten Rückblick und wichtige Ausblicke aus dieser Zeit fürs Heute ermöglicht.

Somit ist auch hier erkennbar, der „systematische Weg" ist der „Gute", aber in der Not hilft auch die Intuition. Das ist ein großes Zugeständnis von einem Vertreter der Systematischen Heuristik (SH), aber auch ein Eingeständnis, dass wir den gedanklichen Arbeitsprozess in Forschung und Entwicklung und anderen Bereichen mit den Mitteln und Methoden der Systematischen Heuristik nicht soweit umgestalten konnten, dass sie heute diese Arbeitsprozesse dominieren.

Da kann man als Entschuldigung begründet anführen, die Systematische Heuristik hat nur zwei Jahre eine hauptamtliche Einrichtung erlebt, dann wurde ihre Anwendung ziemlicht abrupt abgebrochen. Trotzdem ist erstaunliches in dieser kurzen Zeit geleistet und auch danach wichtiges partiell weiter geführt worden. Darüber wird auch berichtet.

Aber klar ist heute, insbesondere aus den weiterentwickelten Aktivitäten und aus den ersten Schlussfolgerungen noch während der aktiven Zeit der Abteilung Heuristik, es reicht nicht aus, mit heuristischen Programmen den optimalen Weg zu beschreiben. Zur Förderung der Kreativität ist mehr nötig, darunter auch ein qualifiziertes Anwenden der Methoden gemäß einem „definierten Bearbeiter", den wir unterstellt haben, aber nur in Ansätzen gestalten konnten (z.B. durch die Moderatoren).

Den Schub, den die Systematisiche Heuristik (SH) in vielen Bereichen und mit Anwendungs-Aktivitäten ausgelöst hat, macht aber klar: ein methodisch-systematischer Weg ist der richtige, Kreativitätstechniken helfen, Kreativität kann und muss gefördert werden. Für die Effektivierung und Rationalisierung der gedanklichen Arbeit in dem entscheidenden Zukunftsfeld Forschung und Entwicklung hat die SH Pionierarbeit geleistet und heute ist ein neuer Schub nötig, soll Deutschland nicht deutlich zurückbleiben. Auch dazu gibt das Vorliegende Denkanstöße. Aber das reicht leider nicht aus, ein größerer Kreis sollte weitere hinzufügen können. Dazu ist am Schluss dieses Geleits ein Aufruf angefügt.

Erstaunlich ist, auf welches Interesse das Erarbeiten des Manuskriptes gestoßen ist. Das zeigt, es war reif, ein solches Material vorzulegen. Hoffen wir, dass die Erwartungen erfüllt werden. Großen Dank allen Mitmachern!

Besonderer Dank gilt dem Lektor und Herausgeber, Prof. Dr. Hans-Gert Gräbe, für die kompetente, intensive Mitwirkung bei der Gestaltung des Beitrages. Dabei hat er sich mit großem fachlichen Verständnis und seiner Objektivität in die nicht einfache Thematik eingebracht und damit bedeutend zur Qualifizierung des Beitrages beigetragen. Weiterhin danken wir der Hans-Sauer-Stiftung, welche mit einer Spende die Drucklegung dieses Bandes der *Rohrbacher Manuskripte* unterstützte.

## Aufruf zu Benennung weiterer Denkanstöße zur Effektivitätssteigerung durch Kreativitätstechniken

Nicht ohne Grund hat die Bundesregierung die „Agentur für Sprunginnovationen" gegründet und mit einer Milliarde Euro ausgestattet. So generiert z.B. China ca. 30 Mal so viele Patente wie Deutschland pro Jahr und auch mehr pro Kopf bei weiter steil steigender Tendenz. Obwohl mit viel theoretischem Vorlauf viele unterschiedlichen Systeme von Kreativitätstechniken in Deutschland bekannt sind, stagniert deren Anwendung, ist sie nach wie vor kein Selbstläufer und oft – trotz potentieller Inselerfolge – kaum verbreitet. Sie fehlen selbst großflächig in den einschlägigen Ausbildungsgängen.

Die vorliegende Ausarbeitung befasst sich mit der in der DDR entwickelten Systematischen Heuristik (SH) und deren Weiterentwicklung in den vergangenen 50 Jahren und analysiert dabei Erfolge und Fehlschläge. Das Befassen mit dieser Entwicklung in den vergangenen 50 Jahren hat uns zu einigen Schlussfolgerungen und Anregungen geführt, die für das Heute und die Weiterentwicklung bedeutend sein können – wir haben sie *Denkanstöße* genannt.

Dabei sind nur die von den beiden Hauptautoren generierten erfasst und im Teil 4 dieses Hefts zusammengetragen worden. Wir stellen uns vor, andere haben weitere, evtl. gravierendere oder einfach neue Vorschläge, die beim Lesen entstehen oder schon potentiell vorliegen. Es wäre schade, diese nicht breiter wirksam zu erfassen und mit den schon vorliegenden nach Diskussion an die richtigen Adressen weiter zugeben. Warum nicht?

Dazu haben wir folgendes Vorgehen vor: Die erste Auflage dieser Broschüre wird einem potentiell interessierten Kreis von Experten zugesandt mit dem Aufruf, weitere Vorschläge einzubringen und auch Vorhandenes zu kritisieren. So kann gegebenenfalls zum obigen Thema ein Extrakapitel in einer zweiten Auflage der Broschüre hinzugefügt und damit weiter verbreitet werden. Das ganze Vorhaben erfolgt aus verständlichen Gründen mit Haftungsausschuss und ohne Zusage der Aufnahme des Vorschlages, aber der Zusicherung einer qualifizierten Bearbeitung.

Die Denkanstöße sind nicht nur an die Fachkollegen gerichtet, sondern sollen auch staatlichen Stellen, wissenschaftlichen Einrichtungen und z.B. der o.g. Sprungagentur bereitgestellt werden. Auch kann – wenn das Gesamtbild der Denkanstöße das erfordert – gegebenenfalls LIFIS mit gewissem zeitlichen Abstand ein Kolloquium oder einen Austausch in geeigneter anderer Form durchführen, um eine hinreichende Verallgemeinerung zu erreichen.

Bitte reichen Sie Ihre Denkanstöße an die Autoren ein.

Die Autoren, im Juni 2021

Die Drucklegung wurde durch eine Spende der Hans-Sauer-Stiftung unterstützt.

# Vorwort

Die *Systematische Heuristik* (SH) ist eine wichtige Methode zur Effektivierung und Rationalisierung gedanklicher Arbeitsprozesse in Forschung und Entwicklung. Ihre Blütezeit erlebte sie Anfang der 1970er Jahre. Mit dem Übergang zu Erich Honeckers *Einheit von Wirtschafts- und Sozialpolitik* wurden entsprechende Strukturen – wie 1973 die *Akademie der Marxistisch-Leninistischen Organisationswissenschaften* (AMLO) – aufgelöst; der Bedarf an systematischen Organisationswissenschaften schien sich erledigt zu haben.

In jüngster Zeit wurde mehrfach aus Fachkreisen angeregt, dass ehemalige Mitbegründer und Anwender der Systematischen Heuristik als Zeitzeugen das fachliche Konzept der Systematischen Heuristik sowie die vor 50 Jahren gemachten Anwendungserfahrungen und aktuell interessante Schlussfolgerungen darstellen. Eine Kurzstudie zur SH erscheint auch deshalb sinnvoll, da die vor 50 Jahren erarbeiteten Unterlagen zur SH heute nur noch schwer und wenig vollständig verfügbar sind.

Die Autoren dieses Bandes der *Rohrbacher Manuskripte* und die ehemaligen Angehörigen der Abteilung Heuristik der AMLO waren nach der Einstellung der Arbeiten zur SH im Jahr 1972 primär in ihren angestammten Fachgebieten (z.B. Maschinenbau, Chemie, Elektronik, Ökonomie) in der Industrie und an Hochschulen tätig und haben zum Teil nebenbei weiterhin an der Weiterentwicklung und Anwendung der methodisch-systematischen Arbeitsweise für die Industrie sowie in der Aus- und Weiterbildung mitgewirkt. Durch diese Tätigkeiten und viele andere bisher entwickelte Konzepte haben sich die Erkenntnisse und Erfahrungen, die Begriffe, Darstellungen und Sichtweisen usw. tiefgreifend weiterwickelt, siehe dazu z.B. [61], [31], [22], [47].

In dieser Studie zur SH wurde angestrebt, weitestgehend im „Original" zu berichten und damit die Erkenntnisse, Ergebnisse, Darstellungen, Begriffe und Zeichen möglichst korrekt und unverfälscht mit dem Stand der 1970er Jahre zu erfassen. Allerdings wurden kritische Anmerkungen aus heutiger Sicht eingefügt. Für die vorliegende Studie zur SH wurden folgende Schwerpunkte bearbeitet:

- Der wissenschaftliche Ansatz der SH und die Bestandteile der Systematischen Heuristik.
- Die Institutionalisierung der SH, ihre Nachfolgeprozesse und gewonnene Erfahrungen.
- Aussagen von Zeitzeugen zur SH.
- Denkanstöße für Gegenwart und Zukunft.

Die Systematische Heuristik wurde als Methodensystem für die Effektivierung und Rationalisierung gedanklicher Arbeitsprozesse zur Lösung naturwissenschaftlicher und technischer Aufgaben- und Problemstellungen Ende der 1960er Jahre von Prof. Dr. habil. Johannes Müller entwickelt. Das erfolgte in einer Zeit, in der die Förderung schöpferischer gedanklicher Tätigkeit in der DDR als bedeutend für die Zukunft betrachtet wurde. Die Entwicklung der SH ging aus von Erkenntnissen der Methodologie, Systemwissenschaft, der Theorie von J. Müller zu Verfahren des problemlösenden Denkens und von umfangreichen wissenschaftlichen Analysen zu Abläufen konkreter, repräsentativer Forschungs- und Entwicklungsprozesse.

1970 wurde durch ein von Johannes Müller geleitetes interdisziplinäres Team das Methodensystem der SH in der realen Praxis großer Forschungs- und Entwicklungs-Institutionen mehrerer Branchen erfolgreich angewendet und weiterentwickelt. Das Team arbeitete in der dafür gebildeten Abteilung Heuristik. Es bestand aus jungen, erfolgreichen Wissenschaftlern und Ingenieuren aus der Praxis. Mit der Anwendung der SH konnten durch die neue Denk-

und Arbeitsweise für Problemlösungsprozesse ein bedeutender Leistungssprung mit hervorragenden fachlichen Ergebnissen nachgewiesen werden. Nach zweijähriger Tätigkeit wurden die Arbeiten zur SH aus wirtschaftspolitischen Gründen beendet. Die gebildete Arbeitsgruppe SH wurde wieder aufgelöst. Die Arbeitsgruppenmitglieder gingen meist wieder in ihre angestammten Fachgebiete zurück. Die notwendige Weiterentwicklung der SH konnte dadurch nicht erfolgen.

In der Anwendungsphase der SH wurde einerseits sehr deutlich, welche Effektivitäts- und Kreativitäts-Potentiale durch eine methodisch-systematische Denk- und Arbeitsweise bei interdisziplinärer Teamarbeit unter Mitwirkung von methodisch kompetenten Fachleuten und mit geeigneter Förderung des Umfeldes erreichbar sind. Andererseits wurde erkennbar, dass das Methodensystem der SH allein für eine effektive Anwendung, vor allem für den einzelnen Bearbeiter, zu komplex und noch nicht hinreichend praxisgerecht gestaltet ist, und dass algorithmische Darstellungen von Methoden allein trotz erläuternder Grundlagen und verwendeter Fallbeispiele eine nachhaltige Wirkung und die Verinnerlichung nicht hinreichend unterstützen.

Für Methodologen, die an einem modernen, allgemein anerkannten Methoden-Angebot mit einem Intensivtraining im Team für eine kreative, methodisch-systematischen Denk- und Arbeitsweise arbeiten, kann die SH und das Methodensystem im Zusammenhang mit den dargestellten Grundlagen in der SH-Literatur und den gewonnenen Anwendungserfahrungen ein anregender, nützlicher Fundus sein. In diesem Sinn ist die hier vorgelegte Studie zur SH als Anregung und Diskussionsbeitrag gedacht.

In der Folgezeit sind die Erkenntnisse und Erfahrungen der SH nur partiell in spätere Arbeiten und Ansätzen zur Effektivitäts- und Kreativitätsförderung von Problembearbeitungs-Prozessen eingegangen. Auch heute ist die Anwendung in anderen bekannten Methoden trotz guter Grundlagen nur in Einzelfällen zu verzeichnen. Eine breite Anwendung von Kreativitätstechniken mit bedeutenden Effektivitäts- und Kreativitätseffekten ist in der F/E-Praxis sowie Aus- und Fortbildung dringend geboten, jedoch leider nicht in der notwendigen Intensität erkennbar.

Die Erfahrungen und Ergebnisse der SH der 1970er Jahre lassen extrapolierend den Schluss zu, dass in Gegenwart und Zukunft mit einer angemessen geförderten Anwendung des heute in der Literatur bestehenden, wesentlich weiterentwickelten Methodenschatzes und neuen Erkenntnissen und Wegen zur Verinnerlichung der Methoden eine strategisch bedeutende Verbesserung der Effektivität und Kreativität in der F/E ohne materielle Investitionen erreichbar wäre.

Im **Komplex 1** dieses Bandes werden *Gegenstand, Ziel, Zielgruppen, Theorie, Bestandteile und ausgewählte Anwendungserfahrungen der SH* möglichst originalgetreu dargestellt.

Im **Komplex 2** stehen die *Institutionalisierung der SH*, die Rahmenbedingungen und Arbeitsweise der SH in der Industrie und bei der Weiterbildung sowie die Ergebnisse und Erfahrungen der Anwendung in Wirtschaft, Industrie, Forschung, Aus- und Fortbildung mit Schlussfolgerungen im Mittelpunkt. Eingegangen wird in diesem Teil auch auf den Einfluss der SH auf die späteren Bemühungen zur Förderung wissenschaftlich-schöpferischer Denk- und Arbeitsweisen in der F/E.

Im **Komplex 3** berichten Mitglieder des Heuristik-Teams von Johannes Müller und Zeitzeugen aus ihrer persönlichen Tätigkeit Anfang der 1970er Jahre, nehmen zur vorgelegten Darstellung Stellung und benennen ihre Schlussfolgerungen für heute.

Im **Komplex 4** werden daraus Denkanstöße für die Gegenwart und Zukunft abzuleiten.

# Komplex 1: Zielsetzung, Gegenstand, Grundlagen und Inhalt der Systematischen Heuristik

Prof. Dr.-Ing. habil. Peter Koch

## Inhaltsverzeichnis

## 1. Gegenstand, Zielsetzung, Zielgruppen der Systematischen Heuristik (SH)

Die SH wurde entwickelt als ein komplexes Methodensystem zur Förderung der Effektivierung und Rationalisierung schöpferischer gedanklicher Arbeitsprozesse für das Finden und Lösen innovativer, naturwissenschaftlich-technischer Aufgaben- und Problemstellungen.

Die SH ist im Rahmen der Methodologie als wissenschaftliche Disziplin in der Analogie zu materiellen technischen Prozessen als ein Bestandteil einer „Technologie der geistigen Arbeit" einzuordnen.

Für das Methodensystem der SH wurden erfolgreiche Denk- und Arbeitsweisen, heuristische Methoden und Prinzipien, Regeln und informationelle Arbeitsmittel systematisch gesammelt, an repräsentativen Bearbeitungsprozessen beobachtet, abgehoben, analysiert, geordnet, weiterentwickelt, als heuristische Programme aufbereitet und in Form einer systematisch strukturierten Programmbibliothek für die praktische Nutzung in den Bereichen Naturwissenschaft und Technik bereitgestellt.

Das Methodensystem der *systematischen* Heuristik ist durchgängig systematisch strukturiert:

- Die methodischen Bestandteile der SH sind im Sinne einer Baumstruktur systematisch geordnet und vernetzt.
- Die heuristischen Methoden sind algorithmisch als heuristische Programm gestaltet (etwa Bilder 1.5, 1.13 und 1.17).
- Die zu entwickelnden Systeme und Zwischenergebnisse des Problembearbeitungsprozesses werden dabei systemwissenschaftlich betrachtet und behandelt (etwa Bild 1.16).

Die algorithmisch strukturierten heuristischen Programme stellen allgemeingültige, nicht deterministische, jedoch plausibel strukturierte und vernetzte, häufig genutzte und bewährte heuristische Methoden dar, die für eine große Klasse von Bearbeitern und für repräsentative Tätigkeitskomplexe bzw. Aufgabenklassen der gedanklichen Arbeit in einem hohen Grad ausreichen, um innovative Problembearbeitungsprozesse zielführender, effektiver und kreativer, gestützt auf das notwendige Wissen, zu vollziehen. Sie nutzen die damals bekannten und erkannten Gesetzmäßigkeit, Methoden, Regeln und beobachteten Prinzipien der schöpferischen gedanklichen Tätigkeit.

Schon in der Gründungszeit der SH wurde angestrebt, für die heuristischen Programme einen günstigen Grad für die Algorithmierung zu finden, der nicht alle Verzweigungen, Verknüpfungen und Rückkopplungen darstellt,

- um für den Nutzer in der Praxis den Überblick zu erleichtern und
- um die flexible, schöpferische Anwendung zu fördern.

Heuristische Programme sind trotz der algorithmischen Darstellung demnach kein Rezept für formales Arbeiten wie etwa Algorithmen zur Berechnung von Maschinenelementen. Sie sollen und können bei einer schöpferischen Anwendung und bei einer Spezifikation auf den eigenen, konkreten Fall und mit dem erforderlichen Fachwissen die Erfolgschancen und Effektivität von Aufgaben- und Problemlösungsprozessen maßgeblich fördern. Das gilt vor allem, wenn der Anwender die methodisch systematische Denk- und Arbeitsweise, bezogen auf seinen Fachbereich, verinnerlichen konnte und/oder bei einer fachlich fundierten methodischen Anleitung/Moderation und interdisziplinären Teamarbeit.

Das Methodensystem ist ausgelegt für typische, häufig wiederkehrende, repräsentative Aufgabenklassen von Problemlösungsprozessen in der Forschung und Entwicklung. Dazu gehören die Aufgabenklassen:

- Aufgabenfindung,
- Präzisieren/Klären von Aufgabenstellungen,
- Entwicklung von technischen Verfahren und Gebilden,
- Modellverfahren und experimentelle Methode,
- Bildung von Gesetzesaussagen,
- Bildung und Entwicklung von Zeichen- und Zeichensystemen und die Begriffsbildung,
- Entwicklung gedanklicher Verfahren.

Die SH wurde nicht isoliert und losgelöst von anderen Maßnahmen und Möglichkeiten zur Effektivierung der geistigen Tätigkeit betrachtet und betrieben, sondern als ein Bestandteil der Gesamtheit aller Möglichkeiten in einer wohl abgewogenen Symbiose in der F/E-Praxis genutzt. So wurde etwa damit begonnen, Regeln und Methoden der Verhaltenspsychologie in die praktische Teamarbeit bei Workshops einzubeziehen.

Die Hauptzielgruppen für die Anwendung der SH waren anfangs

- Führungskräfte, die als Moderatoren und als Anwender wirkten,
- Mitarbeiter nachgelagerter F/E-Bereiche, vor allem Ingenieure und Naturwissenschaftler, die in komplexen Aufgaben- und Problemlösungsprozessen tätig sind.

Die Hauptanwendungsfelder waren vor allem die

- Verfahrens- und Produktentwicklung,
- Produktionstechnik und Logistik sowie
- Organisation und das Projektmanagement.

So waren etwa Anfang der 1970er Jahre die F/E-Bereiche der damaligen Großforschungszentren der Industrie ein bedeutendes Betätigungsfeld für die SH-Anwendung. Mit der Anwendung konnte nachgewiesen werden, dass die SH mit der Anleitung durch methodisch erfahrene Fachleute sehr gute Ergebnisse erzielt hat.

## 2. Das Verfahren und die Genese zur Entwicklung der Systematischen Heuristik von Johannes Müller

Das Bemühen, Methoden zur Effektivierung der geistigen Arbeit zu finden, begann schon im Altertum. Die Heuristik hat somit eine lange Geschichte. Zu nennen sind etwa der Philosoph SOKRATES, der Mathematiker ARCHIMEDES mit seinem Ruf „Heureka", PAPPOS, der den Begriff für methodische Aussagen nutzte und in neuerer Zeit LEIBNIZ, OSTWALD, ZWICKY, HANSEN, KOLLER, PHAL, BEITZ, SCHLICKSCHUP und viele andere bedeutende Autoren.

Prof. Johannes Müller untersuchte als Philosoph, Methodologe und Wegbereiter der Ingenieurmethodik 1964, ausgehend von den Anfängen der Konstruktionswissenschaften und den umfangreichen Quellen zur Theorie der gedanklichen Arbeit, das methodische Vorgehen von Ingenieuren und Naturwissenschaftlern an Hand konkret vollzogener Forschungs- und Entwicklungsaufgaben im Bereich der Technik. In seiner Habilitationsschrift [39] entwickelte er seine Erkenntnisse zum theoretischen Ansatz der SH.

In der Folgezeit analysierte Müller zur Verifikation und Konkretisierung seiner Theorie das methodische Vorgehen in von ihm betreuten Problemlösungsprozessen an Hand ingenieur- und naturwissenschaftlicher Dissertationen und ebenso in Problemlösungsprozessen im Zentralinstitut für Schweißtechnik ZIS Halle/Saale in Zusammenarbeit mit den Bearbeitern. Er konnte sich dabei u.a. auf die von ihm initiierten methodischen Ausarbeitungen von Promovenden stützen, die sie als methodologische Studien für die notwendige Philosophiearbeit im Promotionsverfahren erarbeitet hatten. Damit wurden vor allem methodische Erkenntnisse und Erfahrungen für die Entwicklung technischer Lösungen, die Modellmethode, die experimentelle Methode, die wissenschaftliche Begriffsbildung und Klassifikation sowie die Bildung von wissenschaftlichen Gesetzesaussagen gewonnen.

Darauf aufbauend entwickelte Müller 1967 das Konzept der Systematischen Heuristik (SH). Die Erprobung und Weiterentwicklung gelang ihm im Zentralinstitut für Schweißtechnik (ZIS) Halle/Saale, mit Unterstützung des Institutsdirektors, Prof. Werner Gilde. Das ZIS Halle entwickelte neue Schweißverfahren, Schweißtechnik, Schweißtechnologien, neue Schweißzusatzstoffe usw. Werner Gilde entwickelte unter Nutzung der SH eine hoch effektive wissenschaftliche Arbeitsorganisation für sein Institut.

Besonders erfolgreich waren im ZIS Halle die heuristischen Methoden zur Aufgabenfindung, zur Aufgabenpräzisierung und Problemerkennung, zur Entwicklung von technischen Verfahren, Produkten, Werkstoffen und die Modellmethode. In einigen erfolgreichen Jahren wurden bis zu 90 Patente pro Jahr von ZIS Halle angemeldet, nicht zuletzt gefördert auch durch die SH.

Im Ergebnis dieser Phase entstanden 1969/1970 die Veröffentlichung von Johannes Müller zur Programmbibliothek der SH [42]. Ab 1970 wurden die Methoden der SH in der F/E-Praxis der Industrie breit angewendet und erprobt. Eine neu gegründete „Abteilung Heuristik" nutzte sehr erfolgreich die Methoden der SH unter Leitung von Johannes Müller in enger Zusammenarbeit mit den Fachkräften der F/E-Zentren. Es entstanden gute fachliche Ergebnisse bei der Bearbeitung komplexer, anspruchsvoller Problemstellungen in verschiedenen Großforschungsprojekten der Industrie.

Die Methoden und Arbeitsweise der SH waren besonders bei Teamarbeit und unter Anleitung durch einen Methodiker in den Problemlösungsprozessen wirksam. Dazu wird im Komplex 2 ausführlicher berichtet.

Die Erfahrungen und Erkenntnisse mit der methodisch-systemwissenschaftlichen Arbeitsweise der SH führten bis 1972 durch ihre Anwendung und durch kritisch-schöpferische Diskussionen zur Weiterentwicklung der SH

- in der F/E-Praxis und aus dem ZIS Halle/Saale,
- in den wissenschaftlichen Problemseminaren zur SH mit Spitzenkräften aus der Industrie und Wissenschaft sowie
- aus der in dieser Zeit breiten Weiterbildungstätigkeit für die Industrie.

Es wurden Stärken und Schwächen erkannt und Aufgaben zur Weiterentwicklung ermittelt. Ein Teil der Ergebnisse ist in die dritte Auflage zur Programmbibliothek für Naturwissenschaftler und Ingenieure [45] eingegangen.

Nach dem wirtschaftspolitisch bedingten Abbruch der Arbeiten der 1970 gegründeten Abteilung Heuristik und ihrer Auflösung im Jahr 1972 wurde das Gedankengut in anderen Folgeprojekten von den Erfahrungsträgern dezentral und partiell angewendet und erfolgreich weiterentwickelt, vor allem unter dem Aspekt der Kreativitätsförderung für Innovationsprozesse und für die Hochschulausbildung. Dazu wird im Komplex 2 berichtet.

Schon 1971 zeigte sich bei der Weiterbildung und in den Problemseminaren zur SH, dass einerseits die Darstellung heuristischer Methoden durch Algorithmen durchaus Transparenz und Systematik bewirkt, jedoch für die individuelle Nutzung in der Praxis zur Gewinnung und Verinnerlichung einer methodisch systematischen Arbeitsweise nur bedingt geeignet ist. Es wurde erkannt, dass heuristische Methoden und Regeln tief verinnerlicht sein müssen, bevor sie eine nachhaltige Effektivitäts- und Kreativitätssteigerung im individuellen Arbeitsprozess bewirken können.

Andererseits war anhand der Ergebnisse zu beobachten, dass die algorithmische Methodendarstellung bei methodisch gut moderierter Teamarbeit sehr förderlich sein kann. Der methodisch kompetente Moderator kann das notwendige methodische Know how, unterstützt durch die heuristischen Methoden, in die Teamarbeit des Problembearbeitungsprozesses, verbunden mit der konkreten Aufgabenstellung, unmittelbar einbringen.

Deshalb wurde für die heuristischen Programme ein möglichst günstiger Algorithmisierungsgrad angestrebt, der weniger Verzweigungen, Rückkopplungen, Verknüpfungen mit anderen Programmen, Prorammsubstitutionen im Algorithmus darstellt. Weiterhin wurde eine flachere Hierarchie des Methodensystems angestrebt.

So wurde etwa das sehr bedeutende heuristische Programm zum Präzisieren von Aufgabenstellungen A2 (Bild 1.5) weiterentwickelt, indem das Oberprogramm (Bild 1.4) mit dem Programm A2, dem Programm zur Defektanalyse zu einem Arbeitsablauf integriert wurde. Durch die Integration und die Senkung des Algorithmierungsgrades wurde das erweiterte Präzisierungsprogramm (Bild 1.6) auf wenige komplexe Arbeitsschritte (AS 1 bis AS 7) beschränkt, deren Ausführung durch Modelle, Regeln und Erläuterungen unterstützt wird.

Weiterhin wurde deutlich, dass die SH-Anwendung für einfache, klare Aufgabenstellungen, die mit Routine und Standardverfahren gelöst werden können, weniger vorteilhaft ist, sondern dass die SH für die Bearbeitung innovativer, komplexerer Problembearbeitungs-Prozesse besonders effektiv und nützlich ist.

Das Methodensystem der SH von 1972 war, abgesehen von der weiterentwickelten Präzisierungs-Methode und den Analyseprogrammen, trotz erster Vereinfachungen nicht zuletzt auf Grund der großen Komplexität des Systems für die praktische selbstständige Nutzung und Lehre an den Hochschulen nur bedingt mit nachhaltigem Erfolg zu vermitteln.

Auf Grund der Erfahrungen aus der SH-Anwendung wurde in den folgenden Jahrzehnten die algorithmische Darstellung der Methoden weiter zurückgenommen und vor allem auf die wirksamsten Methoden und Bestandteile aufgabenklassenspezifisch beschränkt. Beispiele für Ergebnisse hierzu sind im Komplex 2 unter Punkt 4 zusammengestellt. Durch diese Entwicklung wurden in den 1980er Jahren, etwa bei den Erfinderschulen, den Kreativitätsseminaren *ctc* und nicht zuletzt bei der Ausbildung von Konstrukteuren deutlich bessere Ergebnisse erzielt.

Johannes Müller arbeitete auch nach 1972 an der Weiterentwicklung der Grundlagen zur Theorie und Anwendung von heuristischen Methoden, vor allem auf dem Gebiet der technischen Entwicklungsprozesse, der Konstruktionswissenschaften und bei der Ermittlung des notwendigen und hinreichenden Informationsbedarfs für Problembearbeitungsprozesse.

Er war aktiv und bekannt sowohl im nationalen als auch im internationalen Rahmen. 1990 veröffentlichte Müller u.a. eine umfassende Monografie zu diesem Themenkomplex im Springerverlag [47], in der er den Erkenntnisstand der vergangenen Jahrzehnte aus Ost und West zum Themenkreis „Technologie der geistigen Arbeit" wissenschaftlich fundiert in einer ganzheitlichen Betrachtung schöpferisch aufbereitet, systematisiert und mit Schlussfolgerungen und Denkanstößen zusammengefasst hat.

# 3. Theoretische Grundlagen der Systematischen Heuristik

Mit der SH wurde ein wissenschaftlich fundiertes Methodensystem angestrebt, das besonders durch empirisch-phänomenologische Untersuchungen gewonnen wurde. Es waren zur damaligen Entstehungszeit die Abgrenzungen zu den bekannten Möglichkeiten zur Effektivierung der geistigen Arbeit vorzunehmen, das Grundprinzip der SH zu formulieren und eine Möglichkeit zu entwickeln, mit der heuristische Methoden etwa in Programmform, gut strukturiert und nachvollziehbar für die Nutzer aufbereitet und dargestellt werden können.

## 3.1 Inhalt und Abgrenzung der Systematischen Heuristik

Der Ansatz zur SH von Johannes Müller behandelt den gedanklichen Arbeitsprozess als Transformations- und Informationsverarbeitungs-Prozess im Sinne der Black Box Darstellung in Bild 1.1. In diesem Prozess wird eine Menge Eingangs-Informationen aus dem Anfangszustand (Eingangsgröße $E$) in die Ausgangs-Informationen, den Endzustand (Ausgangsgröße $A$), überführt. Die Eingangsgröße $E$ beinhaltet die Aufgabenstellung und die anfangs verfügbaren Informationen.

Die Ausgangsgröße $A$ beinhaltet die Lösung des gedanklichen Prozesses sowie Erfahrungen und methodische Erkenntnisse des Bearbeitungsprozesses. In diesem Prozess muss das Informationsgefälle zwischen $E$ und $A$ reduziert werden, indem die objektiv notwendige und hinreichende Menge der Informationen „Inh" für das Lösen der Aufgabenstellung zugeführt und generiert wird.

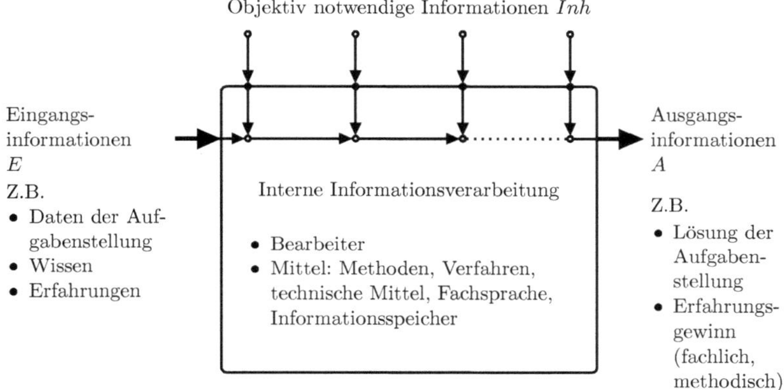


**Bild 1.1:** Der gedankliche Prozess als Informationsverarbeitungs-Prozess

Für die interne Informationsverarbeitung werden im Ansatz der SH
die Methoden und Verfahren, die informellen und technischen Arbeitsmittel sowie die Fachsprache als relevante Komponenten betrachtet.

Für die Effektivierung des gedanklichen Arbeitsprozesses waren für
den Ansatz der SH vor allem drei *Schwerpunkte* relevant:

1. Effektive Vorgehensweisen und gedankliche Verfahren zur Informationsverarbeitung für das Finden, Präzisieren und Lösen von
   Aufgaben- und Problemstellung. Hier stehen für die SH die Programminformationen (Methoden) im Mittelpunkt.
2. Effektive Verfahren zur Informationsbeschaffung und -bereit-
   stellung von Ziel-, Sach- und Kontrollinformationen, verbunden
   mit dem Wissen und den Fähigkeiten der Bearbeiter. Dieser

Schwerpunkt 2 kommt für die SH besonders zur Geltung bei den Methoden zur Analyse, Defektermittlung, Lösungsfindung und Bewertung.

3. Das gezielte Einbinden des zu entwickelnden Systems als Einheit von gedanklicher Operation und den Zwischenergebnis im gedanklichen Prozess mit geeigneten Arbeitsmitteln. Dazu gehören für die SH u.a. die systemwissenschaftlichen Arbeitsmittel, die Theorie technischer Systeme, z.B. dargestellt durch ein allgemeines Erzeugnismodell, aber auch eine jeweils wissenschaftliche Fachsprache mit einem wirksamen Zeichenbestand und Begriffssystem.

Es gibt weitere bekannte Möglichkeiten zur Effektivitätsförderung der geistigen Arbeit. Die SH orientierte sich in der Anfangsphase (1966 bis 1971) primär auf den Schwerpunkt 1. Dabei war bewusst und wurde beachtet, dass der Schwerpunkt 3 mit den Komponenten Wissen, Fähigkeiten, Organisation und Motivation ebenso maßgeblich für den Erfolg ist und dass der Systemaspekt im Methodensystem ein sehr wirkungsvolles Potentiale hat. Ebenso ist Schwerpunkt 2 mit der Informationsgewinnung ein für die Methoden zwingender Bestandteil.

Der Schwerpunkt 1 wurde für die Entwicklung der SH mit dem Ziel bearbeitet,

- wissenschaftlich begründet darzustellen, *wie* der Bearbeiter vorgehen sollte, um eine zielführende, planvolle, schöpferische, methodisch-systematische Arbeitsweise im gedanklichen Bearbeitungsprozess zu erreichen,
- eine geeignete Aufbereitung und systematische Strukturierung der effektiven heuristischen Verfahren zu gewinnen und ihre Bereitstellung in einem Methodenbaukasten zu generieren.

Dabei war der Fokus auf die Anwendung in schöpferischen, innovativen Aufgaben- und Problembearbeitungsprozessen für naturwissenschaftliche und technische Aufgabenstellungen gerichtet.

Die SH verfolgte demnach nicht in erster Linie die Frage, *warum* der Bearbeiter sich im Bearbeitungsprozess in welcher Weise verhält. Das ist vor allem das Feld der Philosophie, Erkenntnistheorie, Denkpsychologie u.a. Allerdings wurde angestrebt, ausgewählte Ergebnisse dieser Forschungen zu nutzen. So sind etwa kybernetische Methoden wirksam als systemwissenschaftliche Arbeitsweisen in die SH eingegangen und ebenso Regeln für die Moderation durch den methodologischen Betreuer und die produktive Konfliktbewältigung in interdisziplinären Kollektiven.

Ein weiterer Abgrenzungsaspekt der SH zu anderen Möglichkeiten zur Effektivierung gedanklicher Prozesse wurde durch den unterschiedlichen Grad der Zuverlässigkeit des Übergangs von der Aufgabenstellung zur Lösung mit dem Begriff der *Übergangswahrscheinlichkeit* von der Aufgabenstellung zur Lösung genutzt.

Hierzu wurden *drei Fälle* unterschieden.

1. Die determinierten Verfahren, mit denen der Fachmann mit Wissen und Erfahrungen sicher zur Lösung der Aufgabenstellung kommt. So z.B. Algorithmen zur Berechnung technischer Lösungen. Diese Verfahren hatten und haben für F/E eine sehr große Bedeutung.
2. Das Vorgehen, bei dem die Lösung durch Probieren, Entdeckungen oder Zufall gewonnen wird, z.B. die Entdeckung des Röntgenverfahrens.
3. Die Verfahren für gedankliche Prozesse, bei denen der Übergang von der Aufgabenstellung zur Lösung mehrdeutig und unbestimmt ist, d.h. die Erfolgswahrscheinlichkeit sehr wesentlich größer als Null, aber auch kleiner als 1 ist.

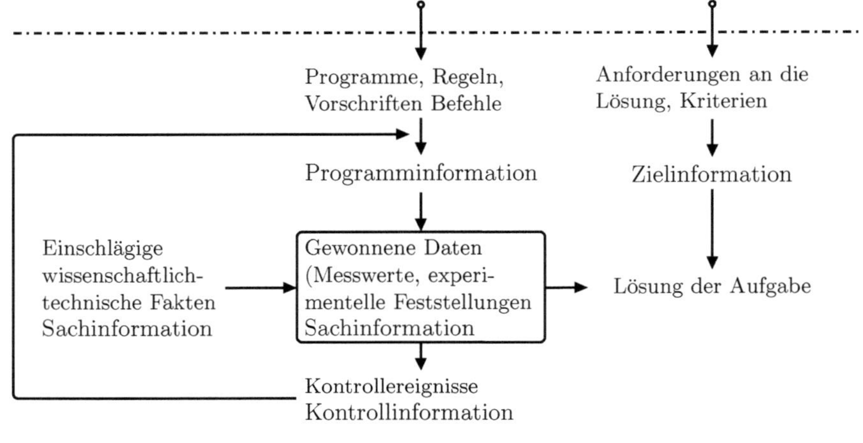


**Bild 1.2:** Informationsklassen am Beispiel technischer Entwicklungsprozesse hier des Entwurfsprozess

*Fall 3* kann vorliegen,

- wenn kein geeignetes Verfahren für die Lösung der Aufgabenstellung bekannt ist,
- wenn die notwendigen Informationen für das Lösen unzureichend sind,
- wenn die Zielsetzung der Entwicklungsarbeit unklar ist und/oder
- wenn die Umstände für den Bearbeitungsprozess am Anfang unklar sind.

Dieser *Fall 3* gilt für das Feld der heuristische Vorgehensweisen und Programme. Es wurde bei F/E-Aufgabenstellungen die Erfahrung gemacht, dass ihre schöpferische Anwendung die Zielstrebigkeit, Effektivität und Erfolgswahrscheinlichkeit innovativer Bearbeitungsprozesse deutlich erhöht. Fall 3 ist typisch, wenn Probleme zu lösen sind. So z.B., wenn für eine geforderte Funktion eines neu zu entwickelnden Produktes eine innovative funktions- und anforderungsgerechte Lösung erarbeitet werden soll. Dieser Fall gilt etwa für die Verfahrens- und Produktentwicklung.

Müller führte auch diese Informationsklassen (Ziel-, Sach-, Programm-, und Kontrollinformationen) nach Bild 1.2 zur methodisch klaren Bestimmung der Informationsmengen als Erster ein.

## 3.2 Das Grundprinzip der Systematischen Heuristik

Der Grundgedanke der SH besteht in einer systematischen, nutzerfreundlichen Aufbereitung und geordneten Bereitstellung von bewährten heuristischen Methoden in algorithmischer Darstellung und in der Vermittlung einer Anleitung für das Entwickeln methodisch-systematischer Arbeitsabläufe für umfangreiche, wiederkehrende Aufgaben- und Problemklassen. Dafür wurde mit der SH ein systematisch strukturiertes Methodensystem geschaffen, mit dem für alle konkreten F/E-Aufgaben- und Problemstellung unter Nutzung allgemeingültiger heuristischer Prinzipien und durch Verwendung methodischer Verfahren, Arbeitsweisen und Erfahrungen ein geeigneter, spezifischer Bearbeitungsablauf konzipiert werden kann.

Bild 1.3 zeigt das für die SH charakteristische allgemeingültige Vorgehen im Aufgaben- und Problembearbeitungs-Prozess.

Folgende allgemeingültige Schritte sind typisch:

- Analysieren und Präzisieren der Aufgabenstellung mit einem heuristischen Programm, bei der SH mit dem bekannten Programm A2. Mit diesem Schritt werden die gegebenen Informationen erfasst, notwendige Informationen herangezogen, Informationslücken erkannt und die Defekte (Probleme, Widersprüche, Unverträglichkeiten, Hindernisse, Schwachstellen, Lücken, Mängel, offene Fragen) ermittelt, die im Verlauf der Bearbeitung schrittweise gelöst werden müssen. Damit erfolgt die Zerlegung der Gesamtaufgabenstellung in solche Elemente bzw. Teilaufgabenstellungen, für die die Lösungsfindung machbar erscheint.

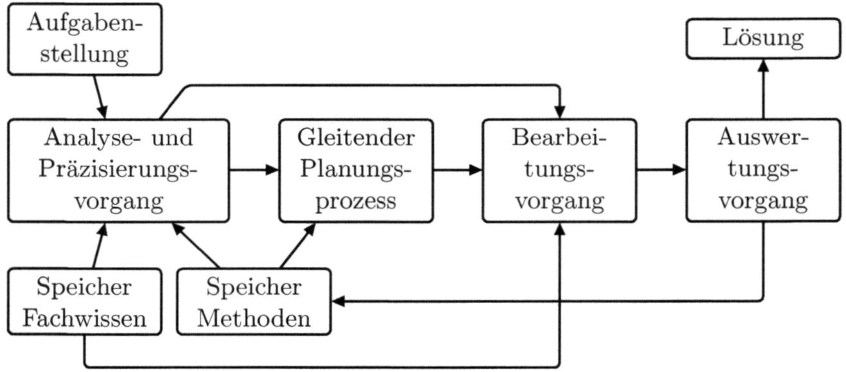


**Bild 1.3:** Modell zum Grundprinzip der Systematischen Heuristik, aus [45]

- Planung des Vorgehens durch das Erstellen einer Defektliste, das Ordnen der Defekte nach ihrer fachlich-inhaltlich bedingten Bearbeitungsreihenfolge und das Generieren eines Operationsplanes, der als Strategie bzw. als erster qualitativer Plan des Bearbeitungsprozesses verfolgt werden soll.
- Ermitteln des aufgabenspezifischen methodischen Vorgehens und der geeigneten Methoden zur Lösung der jeweiligen Defekte, gestützt auf die heuristischen Programme des Methodenbaukasten der SH, aber auch auf determinierte Lösungsprozeduren und das erforderliche Fachwissen.

- Vollziehen des Bearbeitungsvorgangs, d.h. Durchführen des Lösungsprozesses, in dem ausgehend von den jeweils erreichten Zwischenergebnissen das Vorgehen und die Methodenauswahl aktuell präzisiert werden. Da es sich hier um einen fließenden Prozess handelt, spricht die SH von der *fließenden Programmierung*. Sie erfordert vom Bearbeiter eine schöpferische, kompetente, flexible Anwendung der SH und ein vorausschauendes Denken und Arbeiten.
  *Anmerkung:* Das ist ein hoher Anspruch!
- Kritische Analyse des vollzogenen Bearbeitungsprozesses nach dem Vorliegen der Lösung und Abheben der gewonnenen fachlichen und methodischen Erkenntnisse und Erfahrungen. Das Abheben des methodischen Informationsgewinns (als *IGmeth* bezeichnet) kann und soll durch Wiederverwendung den Lernprozess für Folgeprozesse unterstützen, ähnlich wie der Techniker, der seine erfolgreich im technischen Prozess genutzten Vorrichtungen nicht wegwirft, sondern wiederverwendet. Dieser Ansatz ist plausibel und löblich. Seine Umsetzung erfordert jedoch eine beachtliche Methodenkompetenz. In der F/E-Praxis sind die Bedingungen dafür nur selten gegeben. Dieser Schritt ist bei Bedarf und Anlass eher dem Methodiker zu übertragen.

Diese aus dem Modell zum Grundprinzip der SH (Bild 1.3) abgeleiteten Schritte waren die Basis für das sogenannte Oberprogramm der SH. Damit wird der Aufgaben- und Problembearbeitungsprozess ganzheitlich vollzogen, von der Aufgabenfindung und -präzisierung über die Problemlösung bzw. Lösungsfindung bis hin zur Ausarbeitung, der kritischen Analyse und Verifikation der Lösung. Das war und ist ein deutlicher Vorteil gegenüber Methodenangeboten, die vordergründig auf die Problemlösung bzw. Lösungsfindung ausgerichtet sind.

### 3.3 Das Wesen der heuristischen Programme

Heuristische Programmen sind methodische Anleitungen in Form von verbal formulierten Algorithmen. Sie sind Darstellungen häufig verwendeter, bewährter heuristischer Verfahren und Methoden. Sie sind geprägt durch eine endliche, sinnvoll geordnete Menge von Vorschriften in algorithmischer Darstellung (etwa Bild 1.5, 1.14 und 1.17), methodischen Prinzipien und Regeln, mit denen eine auszuführende Methode nicht eindeutig, aber doch so weit bestimmt ist, dass der Bearbeiter das angestrebte Ziel mit einer großen Wahrscheinlichkeit erreichen kann, d.h. mit einer Wahrscheinlichkeit, die wesentlich größer als null, jedoch auch kleiner als eins ist.

Die Operationen der heuristischen Programme sind als Vorschriften bzw. Aufforderungen in Textform formuliert. Die heuristischen Programme sind nach einheitlichen Grundsätzen, mit klaren Aussagen und großer Aussagendichte gestaltet. Ihre Operationsfolge ist plausibel, sie ist jedoch nicht vollständig und nicht streng formal logisch beschrieben. Sie sind eine erste Annäherung an die tatsächlich im Problemlösungsprozess ablaufenden Denkstrukturen, Abläufe und Schrittfolgen.

Sie sind damit eine Vereinfachung des konkreten realen Arbeitsablaufes,

- da zur Vereinfachung nicht alle Möglichkeiten des realen Vorgehens im Detail sichtbar gemacht werden sollen. So z.B. nicht alle möglichen Rückkopplungen, Sprünge;
- da nicht jede Vorschrift in jedem Fall zwingend angewendet werden muss/sollte und
- da die Vorschriften nicht bis ins Detail strukturiert sind, um die Übersichtlichkeit und Allgemeingültigkeit zu erhalten.

Sie sind oft zu wenig bis ins Detail methodisch strukturiert und fordern damit für die Ausführung größere methodische Kompetenz oder Unterprogramme und Regeln.

Das formale Abarbeiten von Programmen ist nicht effizient. Der Bearbeiter soll selbst sein detailliertes Vorgehen aktuell im Sinne einer fließenden Programmierung gestalten. Damit kann es im konkreten Fall durchaus unterschiedliche Lösungswege geben.

Die heuristischen Methoden bieten jedoch bei schöpferischer Anwendung und einer geeigneten Qualifikation des Bearbeiters durch die Aktivierung des persönlichen Methodenpotentials gute Erfolgschancen, wenn durch Training eine gewisse Verinnerlichung erreicht wurde. Das wurde deutlich erkennbar, besonders bei methodisch moderierter Teamarbeit im konkreten Problembearbeitungs-Prozess.

Die Methoden der SH unterstützen das methodisch-systematische Arbeiten, führen an die kreativ zu lösenden Probleme heran, bieten bewährte Lösungsmethoden zum schöpferischen Arbeiten, bewirken bewussteres Handeln und machen das Vorgehen planbarer, transparenter und „handhabbar".

An dieser Stelle sei noch einmal betont, dass bei der Anwendung der SH stets darauf geachtet wurde, dass die methodische Komponente entsprechend dem *Schwerpunkt 1* im Punkt 3.1 im Mittelpunkt des Methodensystems stand, dass sie jedoch allein nicht wirksam werden kann.

Ebenso wichtig wie die Abläufe sind das Wissen, die Fähigkeiten, Flexibilität, Beharrlichkeit, methodische Erfahrungen, Verfahren für die Routinen und Motivation der Bearbeiter, und nicht zuletzt die Möglichkeiten einer hochwertigen Informationsbeschaffung entsprechend *Schwerpunkt 2* im Punkt 3.1.

Eine besondere Bedeutung für die SH hat die Systematik. Sie ist im Rahmen der methodisch-systematischen Denk- und Arbeitsweise mehrseitig. Der Anspruch auf „systematisch" steht hier

- einerseits für einen algorithmisch geordneten, der Logik folgenden, jedoch flexiblen, schöpferisch zu gestaltenden Ablauf – das wird an sich schon durch Begriff „methodisch" gefordert,
- und andererseits für die systemwissenschaftliche Behandlung der zu entwickelnden Objekte, Systeme und Lösungen, die im gedanklichen Prozess über viele Zwischenergebnisse in einer Zustandsfolge entwickelt werden sollen. Dabei ist die Nutzung der allgemeinen Gesetzmäßigkeiten von Systemen, etwa mit der Theorie technischer Systeme, eine entscheidende Anregung und Quelle für neue Erkenntnisse und Ideen. Dieser systemwissenschaftliche Aspekt (*Schwerpunkt 3* in Punkt 3.1) wird bei den Analysemethoden und den meisten Lösungsfindungsmethoden benötigt und genutzt.

Methoden sind demnach erst richtig nützlich, wenn es gelingt, die Einheit und Wechselwirkungen von Methode und Objekt bewusst zu beherrschen. Dazu ist die ganzheitliche Behandlung der gedanklichen Operationen (Op) mit den fortlaufenden Zustandsänderungen des zu entwickelnden Gegenstandes (den Operanden Od, Bild 1.15) notwendig. Das ist möglich anhand der Zwischenergebnisse und Arbeitsschritte des gedanklichen Prozesses, dargestellt durch Zustandsbeschreibungen, etwa mit repräsentativen Systemmerkmalen und den systemwissenschaftlichen Arbeitsmitteln und Modellen. In den Folgejahren der SH wurden zur Nutzung dieses Grundsatzes die Methodendarstellungen ergänzt, indem den Arbeitsschritten (Operationen) typische invariante Merkmale und Teilergebnisse für die Zwischenergebnisse zugeordnet wurden.

Ende 1971 und in den Folgejahren wurde immer deutlicher sichtbar, dass diese recht komplexe, erfolgsentscheidende Kompetenz des Bearbeiters nicht allein durch das Methodensystem der SH erreichbar ist. Die Aneignung dieser Kompetenz erfordert eine Verinnerlichung aller drei Schwerpunkte. Das war durch die gewonnenen Erfahrungen bei der Praxisanwendung der SH bedingt möglich durch ein praxisgerechtes Training an konkreten Praxisaufgaben bei moderierender, methodischer Anleitung. Dieser Effekt wurde deutlicher nachvollziehbar in den 1980er Jahren bei den nationalen und internationalen Kreativitätstrainingsseminaren *ctc* von Bauakademie und Carl Zeiss Jena der DDR [22].

Es kann zusammengefasst werden: Die notwendige Kompetenz für eine schöpferische, methodisch-systematische Arbeitsweise wird durch heuristische Programme allein nicht geboten oder ersetzt. Die SH setzte schon 1969/70 in diesem Sinne für effektives, schöpferisches Arbeiten mit der SH den sogenannten *„definierten Mitarbeiter"* voraus [45]. Sie hatte jedoch zu dieser Zeit kein wirksames Konzept zu seiner Entwicklung.

Die Weiterbildungsmaßnahmen haben diese Anforderungen nicht hinreichend erfüllt. Die heuristischen Programme, Prinzipien und Regeln müssen für die Anwendung einfacher, einprägsamer sowie besser lehr- und lernbar werden. Das Methodenangebot hätte vor allem *eingeschränkt* und auf die wirksamsten Methoden jeweils für definierte Nutzergruppen zugeschnitten werden sollen. Nach dem Vermitteln des *was* und *wie* müsste ein intensives Training an realen Problemstellungen und eine langfristige Begleitung in der Praxis erfolgen.

Dieser Schritt und die Forschung nach Wegen zur Herausbildung des „definierten Mitarbeiters" bzw. zur Verinnerlichung einer schöpferischen methodisch-systematischen Denk- und Arbeitsweise beim

Nutzer konnte nach der Auflösung der Abteilung Heuristik durch die SH nicht fortgesetzt werden. Über partielle Bemühungen hierzu wird in Komplex 2, Punkt 4 berichtet. Diese Lücke ist auch heute nicht hinreichend geschlossen.

Für die erfolgreiche Anwendung der heuristischen Programme ist die Berücksichtigung allgemeiner Grundsätze und heuristischer Prinzipien notwendig. Das gilt für jeden Bearbeitungsprozess, da diese nicht explizit in den Programmen formuliert sind. Deshalb sollen einige solcher Prinzipe hier zur Demonstration angegeben werden.

Typische Prinzipien für die methodisch-systematische Arbeitsweise der SH sind etwa:

- *Präzisierungsprinzip:* Beginne den Bearbeitungsprozess mit einer angemessenen kritischen Analyse. Nimm Aufgabenstellungen nicht unbesehen hin.
- *Effektivitätsprinzip:* Prüfe zu Beginn, ob die Anwendung der SH für die vorliegende Aufgabenstellung eine Effektivitätssteigerung verspricht. D.h. prüfe, ob die Anwendung der heuristischen Methoden angemessen ist, denn beim Erarbeiten von Lösungen schätzen die Menschen beim geistigen Arbeiten eigene, bewährte Routinen so lange, bis sie keinen geeigneten Weg finden. Systematisches Arbeiten erfordert Methodenkompetenz, oft auch Aufwand und u.U. Stress. Eine zusätzliche Anleitung oder Moderation durch „Methodik-Spezialisten" kann die Effektivität jedoch erheblich fördern.
- *Eigenverantwortlichkeitsprinzip:* Nimm die Verantwortung für die übertragene Aufgabenstellung bewusst wahr, vertritt die gewonnenen Erkenntnisse konsequent, jedoch nicht, ohne andere Auffassungen, Erkenntnisse und Interessen geprüft zu haben.
- *Prinzip des vorausschauenden und ganzheitlichen Denkens:* Entwickle am Anfang der Bearbeitung einen Plan für das methodische Vorgehen und aktualisiere ihn schrittweise mit dem sich erge-

benden Arbeitsfortschritt. Behalte auch beim Arbeiten im Detail das Ziel, das Ganze und das übergeordnete System im Blickfeld.

- *Zerlegungsprinzip:* Zerlege komplexe Aufgabenstellungen in Teilaufgaben und Teilprobleme, bis sie lösbar erscheinen. Behalte dabei aber auch die danach notwendige Synthese im Blickfeld. Beachte, dass oft erst nach dem Zerlegen die Teilprobleme sichtbar werden, deren Lösung die Quelle für Innovation sein kann.
- *Prinzip der fließenden Programmierung:* Entwickle zuerst die übergeordnete Gesamtstrategie und danach schrittweise die detaillierte Planung für die Teilaufgaben und -probleme, so weit wie machbar und sinnvoll anzustreben. Blindes Festhalten am ursprünglichen Plan beeinträchtigt die Kreativität und den Erkenntnisgewinn.

Typische heuristische Grundsätze:
- Arbeite so gründliche, exakt und genau wie nötig, jedoch auch so grob wie vertretbar möglich. Sei da, wo es verantwortbar ist, pragmatisch.
- Verschaffe dir Überblick und Weitblick für das Wesentliche durch abstrakte Betrachtungen und Darstellungen realer Objekte und Prozesse, etwa bzgl. ihrer Funktionen, Strukturen, Inhalte, Wirkungen, Zusammenhänge.
- Nutze zur Analyse und Darstellung systemwissenschaftliche Arbeitsmittel, vor allem beim Arbeiten in den abstrakteren Arbeitsphasen.
- Schreite vom Abstrakten zum Konkreten voran mit dem Blick auf die Ganzheitlichkeit. Prüfe, ob es nützlich sein kann, auch vom Konkreten zum Abstrakten vorzugehen.
- Gehe von einer „groben" Darstellung des Ganzen zur Detailliertheit der Elemente und zurück durch Synthese zum Ganzen auf konkreterer Ebene.

- Nutze erkannte Widersprüche und Probleme bewusst als Ausgangspunkt für innovative Lösungen. Das erkannte Problem ist oft die „halbe Lösung".
- Gehe vom Konkreten zum Abstrakten, wenn etwa ein Überblick oder eine Suchraumerweiterung für die Lösungssuche und Analogien benötigt werden.
- Wende die SH stets schöpferisch und flexibel an, denn formales Vorgehen und Arbeiten gefährdet den Erfolg.
- Gehe bei der Analyse und Synthese vorwärtsschreitend von der Eingangsgröße des Systems aus. Nutze bei Bedarf rückwärts schreitendes Arbeiten von der Ausgangsgröße ausgehend.
- Erweitere den Denk- und Arbeitsraum zielgerichtet durch den Übergang in andere Betrachtungsbereiche. Wenn etwa eine Präzisierung der Ausgangsgröße oder Eingangsgröße notwendig ist, versuche den Übergang in den Betrachtungsbereich des Anwendungsprozesses und/oder in die Bereiche vorgängiger und nachgelagerter Prozessschritte. Dieses sehr wirksame Prinzip wird in der SH als *Schicht- und Schritt-Übergang* bezeichnet.

## 4. Die Bestandteile des Methodensystems der Systematischen Heuristik

Das Methodensystem der SH hat folgende Hauptbestandteile:

1. Das *Oberprogramm*, ein invariantes Arbeitsregime für Problembearbeitungsprozesse (Bild 1.4).
2. Das *heuristische Programm A2* zum Präzisieren von Aufgabenstellungen als Bestandteil des Oberprogramms, mit dem alle anspruchsvollen Problembearbeitungsprozesse begonnen werden sollen (Bild 1.5).
3. Die *heuristische Programmbibliothek* mit den heuristischen Programmen und Regeln, systematisch zugeordnet zu repräsentati-

ven, wiederkehrenden Aufgabenklassen (A-G) aus dem Bereich Naturwissenschaft und Technik (Bilder 1.13 und 1.17).

4. Die heuristischen Methoden, in Form heuristischer Programme (etwa Bild 1.14).

5. Die *systemwissenschaftliche Arbeitsweise* und ihre Arbeitsmittel (Punkt 4.5).

## 4.1 Das Oberprogramm der Systematischen Heuristik

Das Oberprogramm (Bild 1.4) ist das allgemeingültige, invariante Arbeitsregime, die allgemeine Strategie für alle Problembearbeitungsprozesse in der Forschung und Entwicklung. Es ist der erste Ansatz für die Gewinnung des methodischen Vorgehens für eine konkrete Aufgabenstellung. Es ist als Oberprogramm für alle Aufgabenstellungen in der Forschung und Entwicklung anwendbar, aber es kann allein noch keinen Problemlösungsprozess methodisch strukturieren.

Die Arbeitsschritte des Oberprogramms ergeben sich aus dem in Punkt 3.2 beschriebenen Grundprinzip der SH (siehe Bild 1.3). Vereinfacht gelten folgende Operationen OP 1 bis OP 6:

OP 1: Präzisieren der Aufgabenstellung mit Programm A2

OP 2: Erstellen des Operationsplans ausgehend von der Defektliste

OP 3: Ermitteln der gedanklichen Verfahren für den Problemlösungsprozess

OP 4: Aufstellen des Arbeitsplans für das konkrete Vorgehen im Lösungsprozess

OP 5: Ausführen des Arbeitsplanes im Lösungsprozess

OP 6: Formulieren der fachlichen Ergebnisse und Abheben der methodischen Erfahrungen

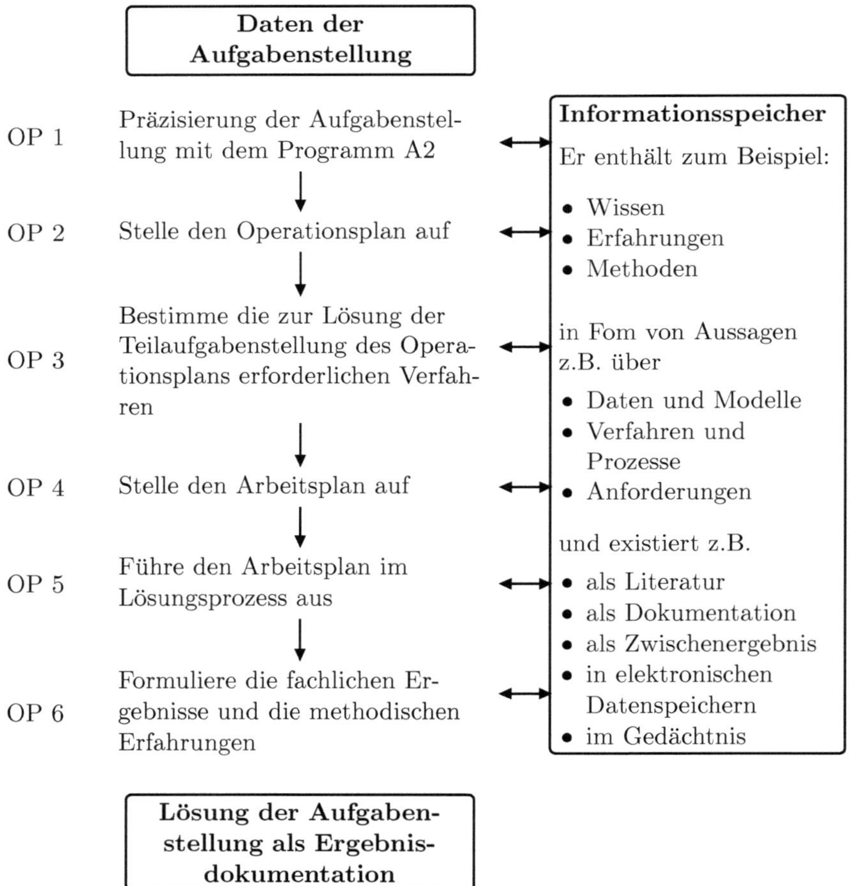


**Bild 1.4**: Das Oberprogramm der Systematischen Heuristik für die Anwendung in der F/E

Die Vorschriften OP 1 bis OP 6 des Programms sind zur Vereinfachung der Struktur nur in Richtung des Hauptflusses verkoppelt. Die tatsächlichen auftretenden Kopplungen und Rückkopplungen sollen im konkreten Arbeitsprozess gewonnen werden.

Mit dem Oberprogramm wird außerdem die besondere Bedeutung der Informationsbeschaffung für die erforderlichen Informationen für den Erfolg des Problembearbeitungsprozess hervorgehoben. Das wird mit dem „Block Informationsspeicher" in Bild 1.4 sichtbar gemacht. Er beinhaltet sowohl das individuelle Wissen, die Erfahrungen und das Können der Bearbeiter als auch alle Informationsspeicher, Dokumente, Literatur, Patente usw., die für den Aufgabensachverhalt verfügbar und notwendig sind. Die SH-Literatur befasst sich mit diesem Anspruch gesondert.

Das Methodensystem folgt einer hierarchischen Struktur und Systematik. Diese einheitliche Struktur und Vorgehensweise wird für alle Aufgabenklassen der Programmbibliothek angewendet. Das Oberprogramm steht an der *Spitze* des Methodensystems. Es leitet den Problembearbeitungsprozess mit dem Präzisieren der Aufgabenstellung ein.

Mit den Ergebnisse der präzisierten Aufgabenstellung (OP 1) gemäß dem Oberprogramm (1) – siehe Bild 1.4 – wird mit OP 3 zur Ermittlung des methodischen Vorgehens und der geeigneten Methoden der Zugang zur Programmbibliothek (2) und die Auswahl der geeigneten Speicherspalte (3) – siehe Bild 1.12 – für die zutreffende Aufgabenklassen (A bis F) ermöglicht.

Die Speicherspalten sind einerseits durch sogenannte Grobprogramme (4) strukturiert, die für die jeweilige Speicherspalte typische Arbeitsschritte angeben, etwa das allgemeine Konstruktionsverfahren [30], und andererseits durch Speicherplätze (5). Damit werden das Ermitteln der notwendigen Hauptarbeitsschritte, etwa für den Konstruktionsprozess, und die Auswahl der geeigneten heuristischen Methoden in Form der sogenannten Arbeitsprogramme als bewährte heuristische Methoden unterstützt. Für komplexe Vorschriften dieser Algorithmen können heuristische Unterprogramme und Regeln zur Untersetzung zugeordnet und/oder intuitive Vorgehensweisen angeregt werden, für den „letzten Schritt oder Sprung" von der letzten kreativen Suchfrage zur originellen, noch nie dagewesenen Idee oder Lösung.

Das heuristische Programm zum Präzisieren der Aufgabenstellung ist in diesem System der Schlüssel für den Problemlösungsprozess und hat, einzeln gesehen, die größte Anwendungsvielfalt und Wirkung. Der Kern des Methodensystems sind die algorithmisch aufbereiteten heuristischen Methoden. Das Methodensystem verfügte mit Stand 1972 über insgesamt ca. 100 heuristische Programme [45].

## 4.2 Die heuristische Methode zum Präzisieren von Aufgabenstellungen

Die Methode zum Präzisieren der Aufgabenstellung (Bild 1.5 und 1.6) steht am Anfang des Problembearbeitungsprozesses. Sie unterstützt einerseits die Klärung der Aufgabenstellung, das Zerlegen in bearbeitbare Details, das Erkennen der Defekte und des zentrierenden Problems, das Finden der entscheidenden Ansatzpunkte für die Lösungsphase, die Planung des Vorgehens und führt über die Programmbibliothek und Aufgabenklassen zu den Methoden für die Problembearbeitung.

Sie ist damit ein entscheidender, die Effektivität fördernder, hoch wirksamer und universeller *Schlüssel zum Erfolg*. Sie ist für Anfänger und Einsteiger ein sehr gut und schnell erlernbarer Teil der Problembearbeitungs-Methodik.

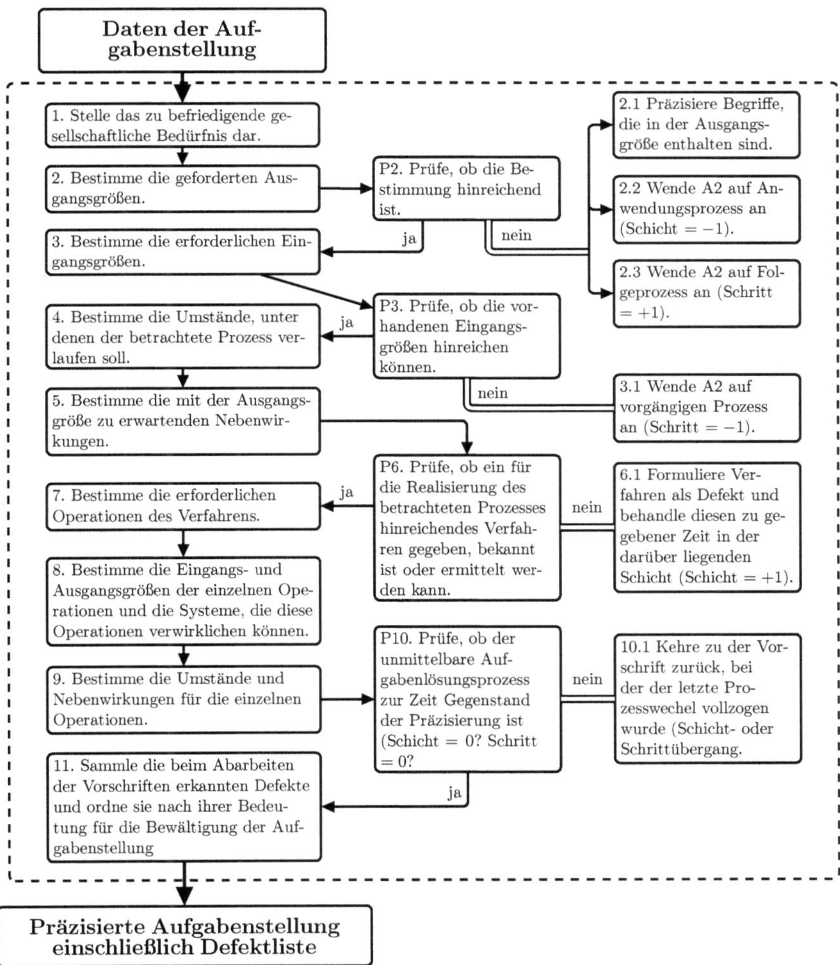


**Bild 1.5:** Das damalige heuristische Programm A2 zum Präzisieren von Aufgabenstellungen mit traditionellem Inhalt

Bild 1.5 stellt inhaltlich das traditionelle A2-Programm zum Präzisieren dar. Die algorithmische Darstellung wurde jedoch aktualisiert aufbereitet. Es wurde bis 1972 sehr breit genutzt wurde. Bild 1.6 ist eine erweiterte Fassung für die Methode zum Präzieren, die Ende der 1970er Jahre entstand.

Die heuristische Methode zum Präzisieren von Aufgabenstellungen in Bild 1.5 wurde ausgehend von den breiten Anwendungserfahrungen ab 1972 und besonders in den Folgejahren erweitert und vereinfacht. Das erweiterte Programm zum Präzisieren der Aufgabenstellung in Bild 1.6 entstand schrittweise, indem

- Vorschriften des Oberprogramms in das Programm integriert wurden,
- der algorithmische Charakter durch die Reduzierung der Vernetzungen und durch die Formulierung einfacherer, gut verständlicher Vorschriften und Arbeitsschritte zurückgenommen wurde und dafür ergänzend
- erklärende Modelle, heuristische Prinzipien, Erläuterungen sowie Merkmale für Zwischenergebnisse und Beispiele unmittelbar zugeordnet wurden.

Mit dem Arbeitsstand in Bild 1.6 wurde Ende der 1970er Jahre die Weiterbildung und Ausbildung begonnen, etwa in den Erfinderschulen und den Kreativitätstrainingsseminaren *ctc.*

In den 1980er Jahren wurde eine Weiterentwicklung der Methode fortgesetzt durch die Unterscheidung und schrittweise Behandlung von äußeren, inneren technisch-technologischen und inneren technisch-naturgesetzlichen Widersprüchen für Probleme und Systeme [23, 32]. In diesem Zusammenhang entwickelte sich auch die Methodik für das Finden von innovativen Aufgabenstellungen weiter als eine sehr wichtige Prozess-Phase des Problembearbeitungsprozesses.

### 4.2.1 Das Originalprogramm A2

Der Schritt OP 1 „Präzisieren der Aufgabenstellung" ist im Vorbereitungsprozess der Lösungsphase OP 5 „Ausführen des Arbeitsplans im Lösungsprozess" der wirksamste Arbeitsschritt des Oberprogramms.

Das Präzisierungs-Programm A2 in Bild 1.5 ist inhaltlich das Original der 1970er Jahre. Es ist jedoch in der Darstellung aktuell gestaltet.

Mit dem Programm A2 wurden das Bedürfnis für die Aufgabenstellung und ihre Zielsetzung (was soll erarbeitet werden?) präzisiert, der Ist-Stand erfasst, das Ermitteln der *Defekte* (Widersprüche, Unverträglichkeiten, Schwachstellen, Fehler, Lücken, Mängel, offene Fragen) unterstützt und davon ausgehend die Ableitung der Teilaufgabenstellungen ermöglicht, die gelöst werden müssen, um die angestrebte Gesamtlösung zu generieren.

Die Defekte können, unterstützt durch Systemanalysen, Schwachstellenanalysen, Modellverfahren, Simulation, Experimente, Berechnungen usw., ausgehend vom Fachwissen der Bearbeiter herausgearbeitet werden. Dieser Schritt OP 1 ist maßgeblich mitbestimmend für die Qualität, Effizienz und Originalität der Lösung.

Mit diesen Ergebnissen wird die Entwicklung des Operationsplanes und Arbeitsplanes möglich. Mit OP 3 wird die Ableitung des methodischen Vorgehens für die Lösungsphase eingeleitet. Das Oberprogramm regt mit OP 6 auch an, den methodischen Informationsgewinn *IGmeth* für die Wiederverwendung abzuheben und zu speichern.

### 4.2.2 Die erweiterte heuristische Methode zum Präzisieren von Aufgabenstellungen

Aus der Anwendung des Oberprogramms und des Programms A2 zum Präzisieren von Aufgabenstellungen gemäß Bild 1.5 hat sich in der F/E-Praxis pragmatisch ein erweitertes, aber vereinfachtes Präzisierungsprogramm zur Aufgaben- und Problemaufbereitung entwickelt (Bild 1.6).

Mit diesem Programm werden OP 1 bis OP 4 des Oberprogramms in einem Arbeitsprozess zusammengefasst. Das war und ist besonders für das Präzisieren von komplexeren Aufgabenstellungen im interdisziplinären Team günstig.

Als Anwendungsregel für das Präzisieren wurde hervorgehoben, dass zu Beginn der Bearbeitung einer Aufgabenstellung abgeschätzt werden sollte, ob es sich um eine problemhaltige, auf Innovation orientierte Aufgabenstellung handelt oder ob eine überschaubare Aufgabenstellung vorliegt, die mit determinierten Verfahren, Routinen, spontaner Intuition und/oder Erfahrungen mit gutem Erfolg lösbar erscheint. Für die überschaubaren, klaren Aufgabenstellungen ist die komplette Anwendung des Präzisierungsprogramms und der SH u.U. zu komplex und aufwändig.

Die Anwendung der SH und des Präzisierungsprogramms hat sich vor allem für problemhaltige, innovativ orientierte und/oder komplexe Aufgabenstellungen als nachhaltig und effektiv erwiesen. In diesem Fall darf der Lösungsprozess jedoch nicht ohne Präzisierung der Aufgabenstellung begonnen werden. Solche Aufgabenstellungen müssen konstruktiv-kritischen durchdacht, eingeordnet, abgegrenzt, abgestimmt und vor allem präzisiert werden. Dieser sehr produktive, effektivitätssteigernde Schritt wird auch heute noch oft zu wenig beachtet.

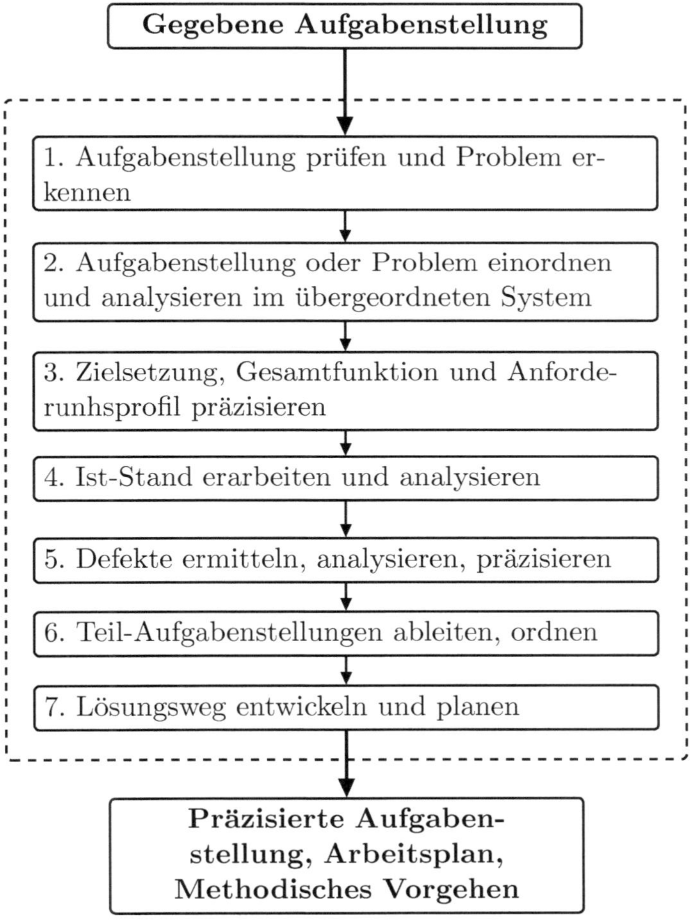



**Bild 1.6:** Die erweiterte heuristische Methode zum Präzisieren von Aufgabenstellungen

Die sehr umfangreichen Erfahrungen mit dem Präzisierungsprogramm zeigten auch nach 1972, dass sehr viele, oft nahezu alle solche Aufgabenstellungen dieser Art in der Praxis für eine effektive Bearbeitung unreif sind, z.B. Mängel enthalten, nicht hinreichend geklärt, unvollständig oder nicht selten so nicht lösbar sind. Damit sind ihre Qualität, Ausprägung, Klarheit und Eignung für einen erfolgreichen Innovationsprozess unzureichend. Sie sind oft zu wenig progressiv und innovativ orientiert, zu eng oder zu weit gefasst und/oder unzureichend in das relevante Umfeld eingeordnet.

Trotz des Aufwandes am Anfang des Bearbeitungsprozesses gewinnt man mit dem Präzisieren der Aufgabenstellung insgesamt große Vorteile. So werden z.B. der Problemkern, eine innovative Zielsetzung, das Anforderungsprofil, die relevanten Defekte, das geeignete Vorgehen, die Machbarkeit usw. erkennbar. Mögliche Irrwege, Themenabbrüche, eine Kostenexplosion können vermieden werden. Bedeutende Zeiteinsparungen sind möglich.

Deshalb werden im Folgenden in Anlehnung an [21], [31], [32], [33] die Arbeitsschritte AS 1 bis AS 7 des erweiterten und strukturell vereinfachten Präzisierungsprogramms gemäß Bild 1.6 charakterisiert.

### 4.2.3 Die Arbeitsschritte im präzisierten Programm in der Übersicht

**Input des Präzisierungsprozesses:**

• Gegebene Aufgabenstellung.

**Arbeitsschritt 1.**  Aufgabenstellung prüfen, Problem erkennen.

- Prüfen von Bedarf und Bedürfnis, Anlass, Notwendigkeit, angestrebter Wirkung.
- Prüfen der Zweckmäßigkeit bzgl. Vollständigkeit, Eindeutigkeit, Realisierbarkeit, Bedeutung im Gesamtrahmen.
- Erfassen und Analysieren der Defekte und des zentrierenden Problems.
- Formulieren des Problems so klar und einfach wie es in der Bearbeitungssituation möglich ist.

**Arbeitsschritt 2:** Aufgabenstellung oder Problem einordnen und analysieren im übergeordneten System.

- Identifizieren und Analysieren der relevanten Systeme und Prozesse der Umgebung, siehe Bild 1.7.
- Erfassen und Darstellen der Wechselwirkung des betrachteten Systems zur Umgebung.
- Ermitteln und Analysieren der Betrachtungsbereiche und Prozesse durch Schicht- und Schrittübergänge, die für den Problembearbeitungsprozess relevant sind, siehe Bild 1.8. Das sind z.B. Prozesse,

  - in denen die Lösung genutzt werden soll,
  - in denen die Lösung realisiert werden soll,
  - in denen die Ergebnisse des Nutzungsprozesses verwendet werden sollen.

- Bestimmen der Ausgangsgrößen, Eingangsgrößen, Nebenwirkungen, Umstände, Anforderungen, Verfahren und Defekte der ermittelten Betrachtungsbereiche, Bild 1.9.

**Arbeitsschritt 3:** Zielsetzung, Gesamtfunktion und Anforderungsprofil präzisieren.

- Ermitteln und Präzisieren die Zielinformationen für das zu entwickelnden Objekt oder Systems bzgl.

  - Art, Zweck, Nutzen.
  - Funktionsbeschreibung durch stoffliche, energetische, informationelle Outputs und Inputs.
  - Anforderungsprofil (Anforderungen, Vorgaben, Restriktionen, Umstände, Nebenwirkungen) für den Nutzungsprozess und Prozesse der nachfolgenden Lebensstufen.

- Ermitteln von Zielinformationen für den Bearbeitungsprozess der Aufgabenstellung bzgl.

  - Inhalt, Umfang, Qualitätsmerkmale, Darstellung für das Ergebnis.
  - Anforderungen, Vorgaben, Umstände.

**Arbeitsschritt 4:**  Ist-Stand erarbeiten und analysieren.

- Ermitteln und Analysieren von Informationen zu ähnlichen Systemlösungen, Lösungskatalogen, Patentliteratur, Trends, Marktsituation, Weltstand, Schrifttum, Standards, Gesetze.

**Arbeitsschritt 5:**  Ermitteln, analysieren, präzisieren der Defekte.

- Konfrontierender Vergleich zwischen Zielsetzung und Ist-Stand mit Differenzanalyse. Dabei ermitteln,

  - welche Systeme, Teilfunktionen, Systemelemente, Systemmerkmale, Systemverhalten, Eigenschaften, Widersprüche, Gegensätze, Hindernisse, Schwach- und Starkstellen, Lücken, Fehler, Mängel sich erkennen lassen.
  - in welcher Weise sie die Erfüllung der Zielsetzung einschränken oder verhindern.

− ob sie unzulässige Effekte oder Wirkungen verursachen.

− ob und wie sie für das Erreichen der Lösung bearbeitet werden müssen.

**Arbeitsschritt 6:** Teilaufgabenstellungen ableiten, präzisieren und ordnen.

- Zerlegen der Gesamtaufgabenstellung in Teilaufgabenstellungen in einer ersten Präzisierungsstufe.
- Zerlegen komplexerer Teilaufgaben durch erneute Anwendung des Präzisierungsprogramms bis sie lösbar erscheinen.
- Ordnen der Teilaufgabenstellungen, die z.B.

  − durch ein Problem geprägt sind und für die völlig neue Problemlösungen generiert werden müssen, z.B. bei Widerspruchslösungen.
  − mit denen Schwachstellen, Mängel, Lücken usw. gelöst werden müssen, z.B. durch Weiterentwicklung, Verbesserung, Optimierung oder Wiederverwendung bekannter Lösungen.

**Arbeitsschritt 7:** Lösungsweg entwickeln und planen.

- Entwickeln des Operationsplans unter Beachtung
  − der fachlich-inhaltlich bedingten Reihenfolge und Darstellung der Wechselwirkungen der Teilaufgabenstellungen.
  − der Bedeutung der Teilaufgabenstellung für den Zugang zur Lösung.
  − des geeigneten Ausgangspunkts für den Prozess des Problemlösens.
  − der allgemeinen Lösungsstrategie des methodisch-systematischen Arbeitens.

- Ermitteln der wirksamsten heuristischen und determinierten Methoden zur Lösungsfindung.
- Erarbeiten des Arbeitsplanes für die Lösungsphase durch
  - Abschätzen des zu erwartenden Zeitaufwandes bei den vorhandenen Arbeitskräften.
  - Abschätzen der Kosten.
  - Ermitteln der erforderlichen materiell-technischen Basis.
  - Festlegung der Verantwortlichkeiten.

**Output des Präzisierungsprozesses:**

- Präzisierte Aufgabenstellung, Arbeitsplan.
- Fachlicher und methodischer Informationsgewinn.

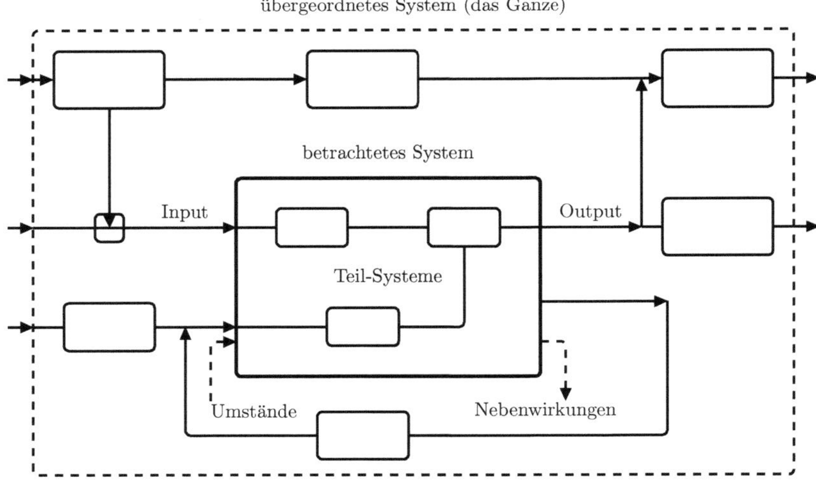


**Bild 1.7:** Einordnung des betrachteten Systems in die Umgebung des Systems

### 4.2.4 Die Arbeitsschritte im Detail

Im Folgenden werden in Anlehnung an [21], [31], [32], [33] die Arbeitsschritte AS 1 bis AS 7 des erweiterten und strukturell vereinfachten Programms gemäß Bild 1.6 vertiefend charakterisiert.

### AS 1: Aufgabenstellung prüfen, Problem erkennen.

Das Prüfen erfolgt auf Bedarf, Notwendigkeit, Zweckmäßigkeit, Ursprung, angestrebtes Niveau, Trends, Realisierungschancen und Interessen. Dabei sind Problemsituation zu erfassen und wenn möglich Problem grob zu formulieren.

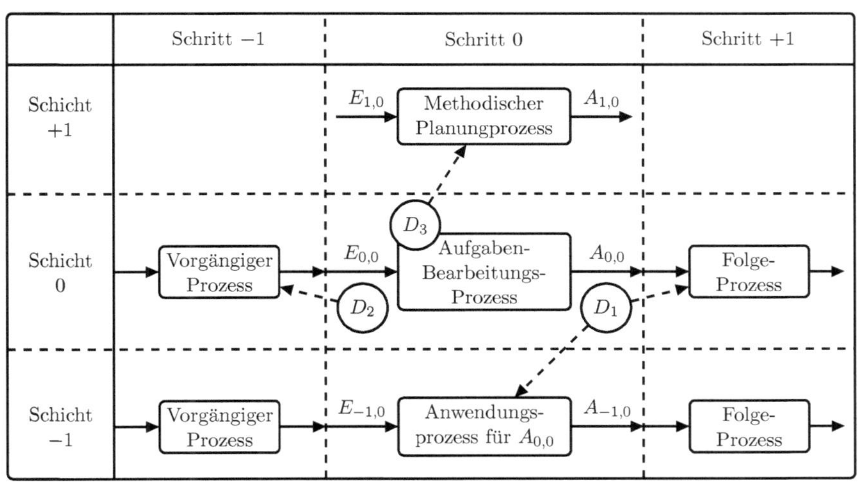


$D_1$) Defekt/Unbestimmtheit bei der Ausgangsgröße $A_{0,0}$
$D_2$) Defekt/Unbestimmtheit bei der Eingangsgröße $E_{0,0}$
$D_3$) Defekt/Unbestimmtheit bzgl. des methodischen Vorgehens oder Verfahrens

**Bild 1.8:** Beispiel für das Finden der Betrachtungsbereiche durch Schicht- und Schritt-Übergänge

Für das Einordnen und Analysieren im übergeordneten System werden die Bereiche gesucht, die für Informationsgewinnung und Defekterkennung relevant sind.

## AS 2: Aufgabenstellung oder Problem einordnen und analysieren im übergeordneten System.

Hierfür sind zwei Aspekte bedeutend:

1. Das Identifizieren und Analysieren der Systeme und Prozesse der Umgebung, die auf das betrachtete System einwirken und auf die das betrachtete System wirkt (Bild 1.7).
2. Das Finden und Analysieren der Betrachtungsbereiche und Systeme für das Erkennen und Präzisieren der Informationen zu den Ausgangsgrößen, Eingangsgrößen, Nebenwirkungen, Umständen, Anforderungen, Verfahren und Defekten der Systeme in allen Handlungsebenen, die für das Lösen der Aufgabenstellung relevant sind.

Für das systematische Finden der Betrachtungsbereiche bietet die SH das Instrumentarium der sogenannten Schicht- und Schrittübergänge gemäß Bild 1.8 und 1.9 an, mit denen die zu analysierenden Betrachtungsbereiche in den verschiedenen Handlungsebenen (Schichten) gefunden werden können. Die Bilder zeigen drei typische Handlungsebenen für technische Aufgabenstellungen, in denen die für das Präzisieren relevanten Betrachtungsbereiche liegen und im Gesamtzusammenhang analysiert werden können:

- In der Handlungsebene 0 liegt der Aufgabenbearbeitungsprozess im Zentrum, z.B. der Entwurfsprozess für die Entwicklung einer Maschine. Zur Handlungsebene 0 gehören auch seine vorgängigen und folgenden Schritte und Prozesse. Sie werden zur Analyse herangezogen, wenn die Ausgangsgröße unbestimmt ist (siehe $D_1$) und/oder die Eingangsgröße unklar ist (siehe $D_2$).

- In der Handlungsebene $-1$ liegt die Anwendung bzw. Nutzung des Ergebnisses des Aufgabenbearbeitungsprozesses, z.B. die Nutzung der Maschine in einem Produktionsprozess, und wiederum die vorgängigen und folgenden Schritte und Prozesse. Sie werden analysiert, wenn die Ausgangsgröße des Aufgabenbearbeitungsprozesses nicht hinreichend bestimmt ist (siehe $D_1$).
- In der Handlungsebenen $+1$ liegt der Prozess zur methodischen Planung bzw. des Vorgehens für den Aufgabenbearbeitungsprozess, z.B. im aufgabenspezifischen Konstruktionsprozess. Dieser Übergang wird notwendig, wenn für den Aufgabenbearbeitungsprozess kein zielführendes Vorgehen vorliegt (siehe $D_3$).

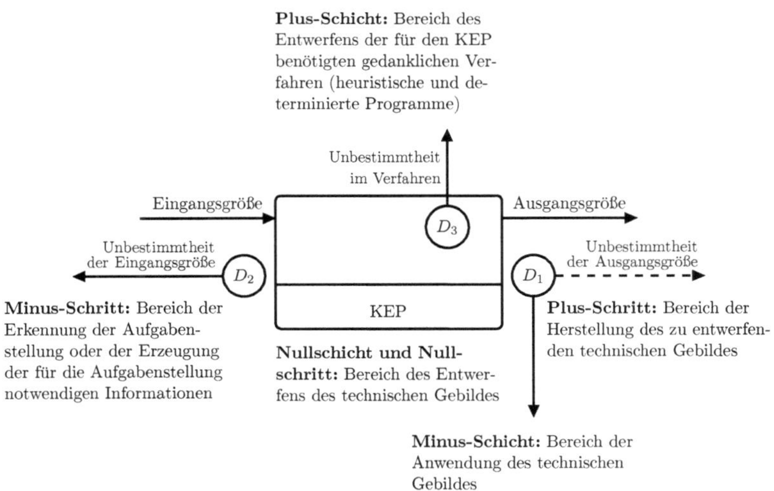


**Bild 1.9:** Regeln für das Finden der Betrachtungsbereiche durch Schritt- und Schichtübergänge am Beispiel des Konstruktionsprozesses

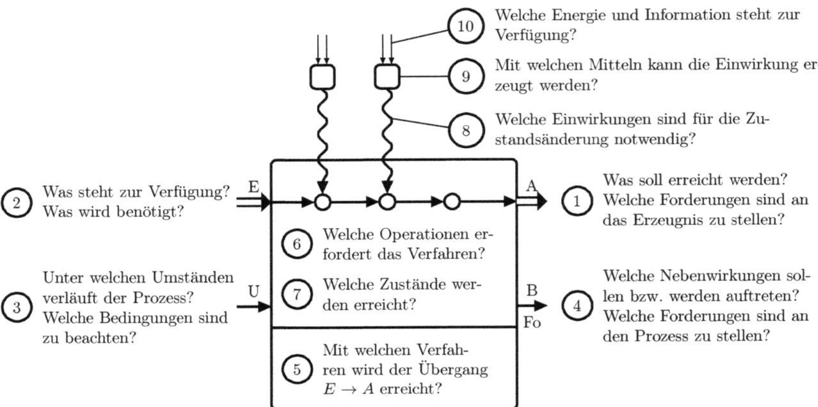


E – Eingangsgröße, A – Ausgangsgröße, Fo – Forderungen, U – Umstände, B – Bedingungen

**Bild 1.10:** Das Frageschema für das Analysieren von Betrachtungsbereichen (Black-Box-Methode)

Die allgemeinen Regeln für die Schicht- und Schrittübergänge zum Finden der Betrachtungsbereiche sind durch das Modell gemäß Bild 1.9 dargestellt. Dieses Modell kann ausgehend von jedem Betrachtungsbereich erneut angewendet werden, um noch tiefer in den Aufgaben- und Problemsachverhalt einzudringen.

Für die Analyse der gefundenen Betrachtungsbereiche des übergeordneten Systems und der identifizierten Systeme der Umgebung des betrachteten Systems bietet die SH das allgemeine Frageschema in Bild 1.10 an. Diese bekannte Black-Box-Methode ist unabhängig vom Gegenstand des Systems bzw. Prozesses auch in den folgenden Arbeitsschritten wirkungsvoll anwendbar.

## AS 3: Zielsetzung, Gesamtfunktion und Anforderungsprofil präzisieren.

Mit diesem Schritt sollen die Zielinformationen (Endergebnis) zur angestrebten Lösung des Aufgabenlösungsprozesses ermittelt und präzisiert werden. Sie beziehen sich z.B. auf Aussagen,

- was für die zu entwickelnden Objekte, Verfahren, Systeme erreicht werden soll,
- welches Anforderungsprofil zu erfüllen ist und
- welche Umstände, Nebenwirkungen und Restriktionen zu beachten sind.

Für diesen Schritt eignet sich eine Systemanalyse der in AS 2 ermittelten Betrachtungsbereiche, unterstützt durch die Black-Box-Analyse mit dem allgemeingültigen Frageschema gemäß Bild 1.10 und die heuristischen Programme für die System- und Schwachstellenanalyse, gestützt auf die systemwissenschaftlichen Arbeitsweise gemäß Punkt 4.4.

## AS 4: Ist-Stand erarbeiten und analysieren.

Der Ist-Stand soll durch eine Recherche und Analyse erarbeitet werden. Mit der Recherche ist z.B. im Schrifttum, am Markt und relativ zum Weltstand sowie in Katalogen, Patentunterlagen usw. zu ermitteln, was zum Lösen der Aufgabenstellung gegeben, vorhanden, bekannt, fraglich ist und was fehlt und berücksichtigt werden muss. Mit den Analysen werden vor allem bekannte, ähnliche und analoge Systeme, Patenlösungen, Trends untersucht. Die SH liefert für diesen Schritt neben der Black-Box-Analyse z.B. die Programme zur Systemanalyse und Funktionswertflussanalyse.

## AS 5: Defekte ermitteln, analysieren, präzisieren.

Die Defektermittlung erfolgt durch einen konfrontierenden Vergleich zwischen der Zielsetzung (Sollzustand AS 3) und dem Ist-Stand (Ist-Zustand AS 4) mit einer Differenzanalyse. Zu klären ist,

- zu welchen Systemen, Teilfunktionen, Systemelementen, System-merkmalen, Systemverhalten und Eigenschaften im Ist-Stand, bezogen auf die präzisierte Zielsetzung und das Anforderungsprofil, Widersprüche, Hindernisse, unverträgliche Gegensätze, Schwach-stellen, Fehler, Lücken, Mängel erkennbar sind,
- in welcher Weise sie die Erfüllung der Zielsetzung einschränken oder verhindern,
- unzulässige Effekte oder Wirkungen verursachen und damit
- für das Erreichen der Zielsetzung, d.h. der angestrebten Lösung, bearbeitet und gelöst werden müssen.

Aus dem Analyseergebnis kann eine Defektliste erstellt werden. Sie soll nach einer ersten groben inhaltlichen Klärung erkennen lassen, welche Defekte eine Problemlösung und weitere Präzisierung erfordern und welche Defekte zu einfach lösbaren Aufgaben führen.

## AS 6: Teilaufgabenstellungen ableiten, präzisieren und ordnen.

Die problemorientierte Gesamtaufgabenstellung kann nun mit Hilfe der Defektliste zur Vorbereitung der Lösungsphase durch das Präzisieren der Defekte in solche Teilaufgabenstellungen zerlegt werden, die zur Erlangung der Zielsetzung lösbar erscheinen. Die Gesamtaufgabenstellung wird durch das Präzisieren der Defekte durch vereinfachte Neuanwendung des Präzisierungsprogramms so strukturiert und transparent, dass eine Zerlegung in lösbar erscheinende Teilaufgabenstellungen möglich wird.

Damit ist ein Prozess des Zerlegens, der Dekomposition, des Lösens durch Konkretisieren von Teilaufgabenstellungen und der Synthese, der Komposition zur Gesamtlösung skizziert. Die Zerlegung der Gesamtaufgabenstellung kann je nach Komplexität in mehreren Stufen notwendig werden.

## AS 7: Lösungsweg entwickeln und planen.

Für die Planung des Lösungsweges werden schrittweise

- der Operationsplan entwickelt,
- die wirksamsten heuristischen und determinierten Methoden für das methodische Vorgehen bei der Bearbeitung der Teilaufgabenstellungen (Probleme, Aufgaben) gesucht und ausgewählt,
- ein konkreter Arbeitsplan für den Lösungsprozess erstellt.

Der Operationsplan ist das strategische Konzept für den Lösungsprozess und konzentriert sich auf die fachlich-inhaltliche Reihenfolge und Wechselwirkungen der Teilaufgabenstellungen. Dabei wird die Bedeutung der Teil-Aufgabenstellungen für den Zugang, bzw. die Lösbarkeit berücksichtigt. Besonders problemhaltige Defekte, die Widersprüche enthalten, und Defekte, die den besten Zugang zur Lösung versprechen, sind in der Reihenfolge vorrangig zu bearbeiten.

Der Arbeitsplan soll ausgehend von den Aktivitäten des Operationsplanes den konkreten Plan des Vorgehens in der Lösungsphase festlegen. Dazu sind zu ermitteln und zu nutzen

- eine Abschätzung des erwarteten Zeitaufwandes pro Aktivität,
- des Arbeitskräftebedarf und ihre Verfügbarkeit,
- die erforderliche materiell-technische Basis,
- die abschätzbaren Kosten,
- die Verantwortlichkeiten.

Daraus ist der vorläufige konkrete Zeitplan abzuleiten.

 

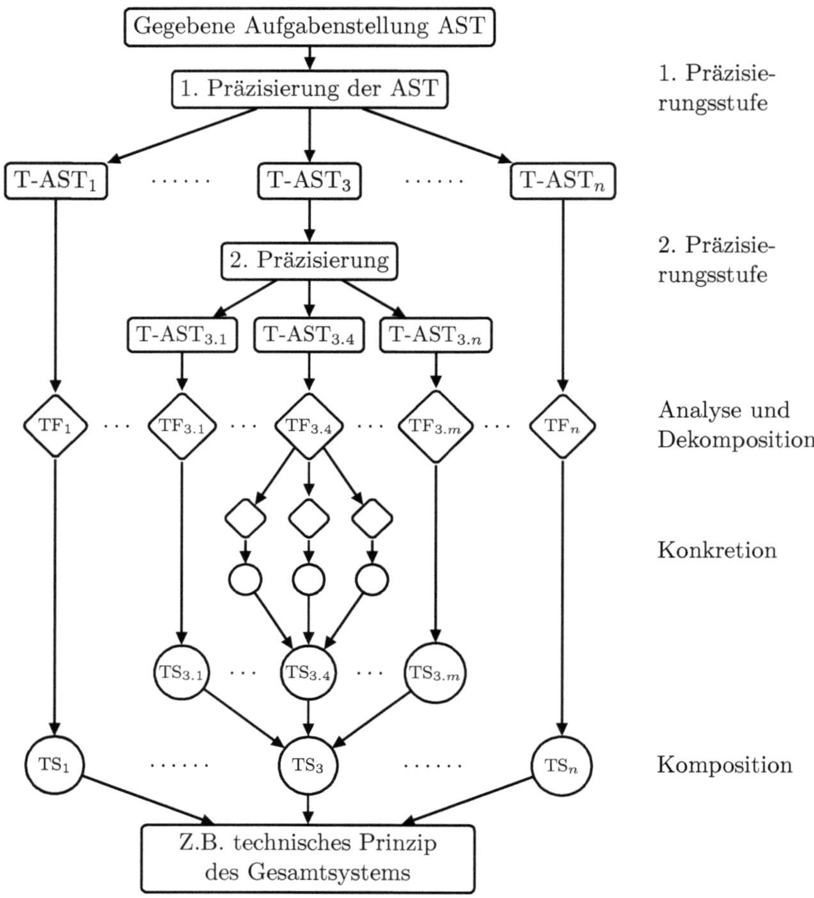



**Bild 1.11:** Darstellung des Zerlegens (Dekomposition) der Aufgabenstellung, des Lösens (Konkretisieren) der Teile und der Synthese (Komposition) zur Gesamtlösung

Das mit dem Operations- und Arbeitsplan entwickelte Vorgehen ist im ersten Ansatz ein grober Plan und darf nicht als Dogma behandelt werden. Im Lösungsprozess erfolgt aktuell in Abhängigkeit des Arbeitsstandes die Feinplanung nach dem Prinzip der „fließenden Programmierung".

## 4.3 Die heuristische Programmbibliothek

### 4.3.1 Bestandteile der Programmbibliothek

Die heuristische Programmbibliothek – siehe Bild 1.12 – ist die systematisch strukturierte Darstellung des heuristischen Methodensystems. Der Aufbau und Inhalt sind aufbereitet in [45].

In der heuristischen Programmbibliothek sind bewährte heuristische Methoden und Prinzipien für Naturwissenschaftler und Ingenieure in Programmform oder als Regeln aufbereitet, systematisch geordnet und zum Abrufen bei der Entwicklung des methodischen Vorgehens im Aufgaben- und Problembearbeitungsprozess als „Programmspeicher" bereitgestellt. Die Programmbibliothek enthält also nicht nur heuristische Programme, sondern

- unterstützt das Auswählen der geeigneten Methoden, z.B. durch die Abruftabelle, in der verfügbare Funktionen, Verfahrensprinzipe und technische Prinzipe zusammengestellt sind,
- erläutert, wie man mit den Programmen arbeitet, und
- fördert das Verständnis durch die Behandlung wichtiger Grundlagen für eine methodisch-systematische Denk- und Arbeitsweise.

Die Programmbibliothek ist hierarchisch aufgebaut. Eine Übersicht zur hierarchischen Struktur wird weiter unten in Bild 1.14 am Beispiel der Aufgabenklasse „Entwickeln technischer Gebilde" skizziert. Die Systematische Heuristik bietet eine Schrittfolge zur Ermittlung des methodischen Vorgehens vom Oberprogramm bis zu den Unterprogrammen und Regeln.

| A<br>Aufgaben-stellung | B<br>Begriffe, Begriffs-systeme | C<br>Gesetzes-aussagen | D<br>Modelle | E<br>Entwürfe | F<br>Verfahren | G<br>Programme |
|---|---|---|---|---|---|---|
| A1<br>suchen | B1<br>benennen | C1<br>bilden | D1<br>aufstellen | E1<br>Prinzip bestimmen | F1<br>Wirkprinzip bestimmen | G1<br>Algorithmus aufstellen |
| A2<br>präzisie-ren | B2<br>präzisie-ren | C2<br>über-prüfen | D2<br>umformen | E2<br>bewerten entscheiden | F2<br>Experimentell ermitteln | G2<br>erarbeiten |
| A3<br>Teilauf-gaben formulieren | B3<br>explizieren | C3<br>präzisie-ren | D3<br>behandeln | E3<br>anpassen | F3<br>gedanklich durcharbeiten | G3<br>testen |
|  | B4<br>klassifi-zieren | C4<br>ein-ordnen |  |  | F4<br>Schwachstellen analysieren | G4<br>einfahren |

**Bild 1.12:** Die Struktur des Programmspeichers der Programmbibliothek

Das Methodensystem besteht aus 8 Ebenen:

1. Oberprogramm (Bild 1.4)
2. Programmspeicher (Bild 1.12)
3. Speicherspalten
4. Grobprogramme der Speicherspalten
5. Speicherplätze mit Abruftabellen für Arbeitsprogramme
6. Arbeitsprogramme (z.B. Bild 1.13)
7. Unterprogramme
8. Methodische Regeln

## 4.3.2 Der Programmspeicher der Programmbibliothek

Der Programmspeicher in Bild 1.12 ist nach repräsentativen Aufgabenklassen der gedanklichen Tätigkeiten von Naturwissenschaftlern und Ingenieuren durch *Speicherspalten* strukturiert. Es wurden die folgenden Speicherspalten A bis G gebildet:

A1: Aufgabenfindung, und
A2: Präzisieren von Aufgabenstellungen,
 B: Zeichen, Zeichensystem, Begriffsbildung und Klassifikation,
 C: Gesetzesaussagen, Hypothesen erarbeiten,
 D: Modellmethode einschließlich der experimentellen Methoden,
 E: Entwickeln technischer Gebilde.

In einer späteren Variante wurde E weiter aufgespalten in

 F: Entwicklung technischer Verfahren,
 G: Entwickeln gedanklicher Verfahren.

Die Speicherspalten sind durch *Speicherplätze* untergliedert und werden außerdem durch *Grobprogramme* ergänzt. Diese Grobprogramme zu den Speicherspalten vermitteln typische relevante Arbeitsschritte für das grobe methodische Vorgehen für die Aufgabenklasse der Speicherspalte. Sie können die Entwicklung des methodischen Vorgehens für die Lösungsphase gemäß OP 3 des Oberprogramms unterstützen.

Den Speicherplätzen werden die *Arbeitsprogramme* zugeordnet. Z.B. gibt es für die Speicherspalte E die drei Speicherplätze E1 bis E3:

E1: Lösungs-Prinzipien ermitteln,
E2: Prinzip-Varianten bewerten und entscheiden,
E3: Prinzip oder Entwurf konkretisieren, gestalten und anpassen an das Anforderungsprofil der Lebensstufen der generierten Lösung.

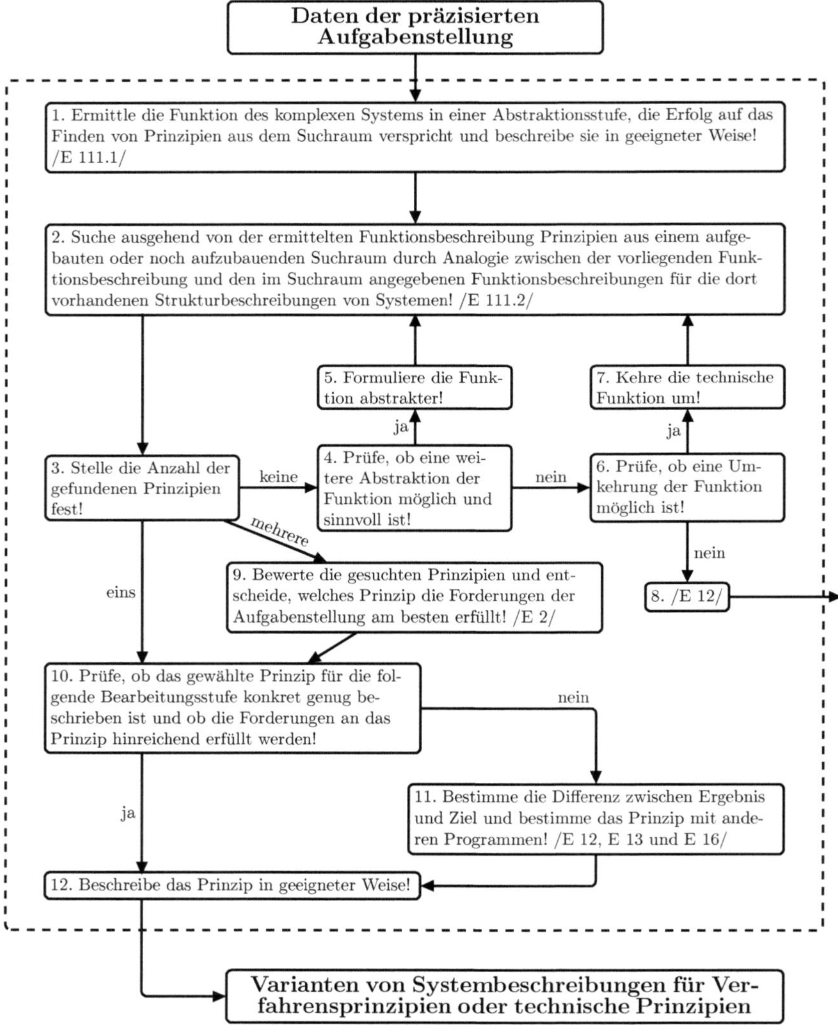


**Bild 1.13:** Das heuristische Arbeitsprogramm E 112 „Suchen von Lösungsprinzipien mit analoger Funktion"

Die heuristischen Arbeitsprogramme stellen die bewährten heuristischen Methoden für die verschiedenen Aufgabenklassen dar. Z.B. ist das Programm E 112 in Bild 1.13 eine Methode zum Suchen und Identifizieren von geeigneten naturwissenschaftlichen Effekten und Lösungsprinzipien mit analoger Funktion.

Zur Untersetzung von Vorschriften der Arbeitsprogramme werden *Unterprogramme* und *Regeln* nach dem Substitutionsprinzip je nach Bedarf gebildet, z.B. für komplexere, methodisch anspruchsvollere Vorschriften der Arbeitsprogramme, für die bewährte methodische Erfahrungen bekannt und hilfreich sind.

In der Folgezeit der SH wurden die attraktivsten, am häufigsten genutzten heuristischen Methoden für die Problembearbeitung ausgewählt und in vereinfachter Form angeboten, z.B. in [22], [31], [33], [61]. Die Beschreibung der Methode in Form von Arbeitsprogrammmen, die umfangreichen Hinweise zu den methodischen Grundlagen und zur Anwendung der Programme, sowie die dargestellten Anwendungsbeispiele, die in der SH-Literatur angeboten werden, unterstützt ein methodisch-systematisches Vorgehen.

Wie wir heute wissen, reicht das allein jedoch für einen nachhaltigen Erfolg nicht aus. Erfolg erfordert vom Bearbeiter für die Ausführung der Methoden mit ihren Vorschriften ganz besonders fundierte, verinnerlichte methodische Fähigkeiten und eine systemwissenschaftliche Denk- und Arbeitsweise. Diese Fähigkeiten konnten sich Nutzer der SH durch ein einfaches Methodentraining bei der Bearbeitung ihrer konkreten Praxisaufgaben nur bedingt aneignen.

Attraktive fachliche Arbeitsergebnisse gelangen dem SH-Team allerdings überraschend wirksam, wenn die Bearbeiter der Großforschungszentren unmittelbar eingebunden in den konkreten Bearbeitungsprozess ihrer realer Aufgabenstellungen aus der Praxis für die Praxis in Zusammenarbeit mit einem methodisch und fachlich erfahrenen Moderator unterstützt wurden.

Das wurde besonders deutlich bei der Problemlösung im interdisziplinären Team. Diese Erfahrung wurde später gezielt angewendet und weiterentwickelt bei den Erfinderschulen [20], [21], beim Kreativitätstraining der ctc-Gruppen der Bauakademie [22], bei vielen Industrieprojekten und später ab 1990 in der Beratungstätigkeit für technische Projekte.

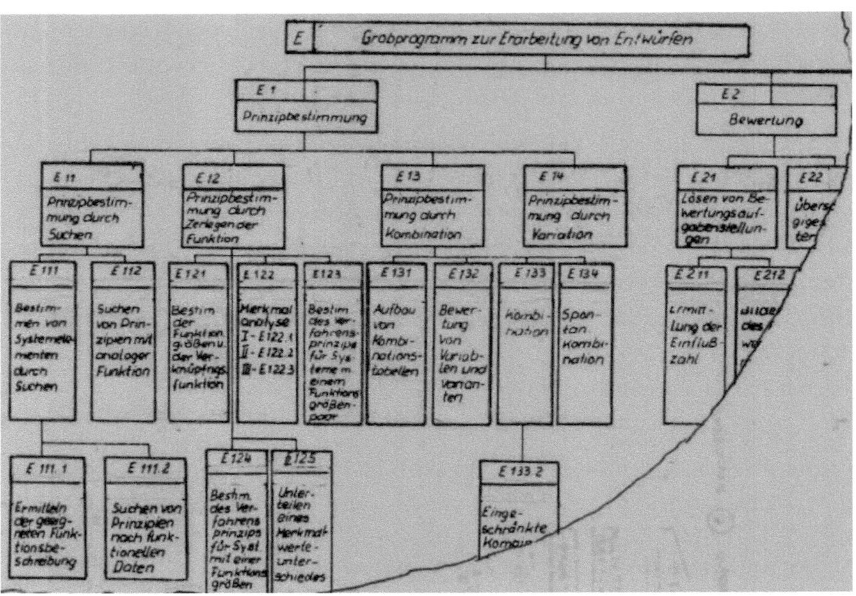



**Bild 1.14:** Die hierarchische Ordnung der heuristischen Arbeits- und Unterprogramme am Beispiel der Aufgabenklasse „Entwurf technischer Gebilde" in Speicherspalte E

### 4.3.3 Hierarchische Ordnung der Arbeits- und Unterprogramme der Speicherspalten

Die Speicherspalten enthalten die für die Aufgabenklassen geeigneten heuristischen Methoden systematisch geordnet in Form heuristischer Programme. Die Nutzbarkeit von Programmen in mehreren Speicherspalten wurde durch Verweise sichtbar gemacht.

Mit dem Methodensystem der SH ist es gelungen, die sehr große Breite und Vielfalt der bis 1971 bekannten, entwickelten und weiterentwickelten heuristischer Methoden systematisch und damit übersichtlich zu speichern und für den Nutzer einfach auffindbar zu machen. Dieses System unterstützt den Nutzer dabei, ausgehend von den Ergebnissen der Aufgabenpräzisierung das methodisch-systematische Vorgehen für die konkrete Aufgabenstellung zu entwickeln. Allerdings muss für das bis dahin unbekannte gedankliche Verfahren der methodische Plan bezogen auf die eigene Aufgabenstellung durch schöpferische Modifikation, Spezifikation und Detaillierung schrittweise erarbeitet werden.

Am Beispiel der Speicherspalte E in Bild 1.14 (Fassung von 1971) wird die Breite, Vielfalt und Systematik des Methodenangebots ersichtlich. So wurden für das Entwickeln von technischen Gebilden 28 heuristische Methoden als Arbeits- und Unterprogramme, ergänzt durch heuristische Regeln, für die Lösungsfindung aufgenommen.


### 4.4 Aufgabenklassen und Speicherspalten

Mit den folgenden Ausführungen soll ein kleiner Einblick zu den heuristischen Programmen gegeben werden, die in die Speicherspalten und Aufgabenklassen aufgenommen wurden.

## Speicherspalte A: Methoden für die Aufgabenfindung A1 und Aufgabenpräzisierung A2.

Die Aufgabenfindung nach A1 wurde als der Ausgangspunkt und Schwerpunkt für die Gewinnung von neuerungsorientierten Aufgabenstellungen für das Erarbeiten neuer Erkenntnisse und Innovationen genutzt.

Diese Methoden unterstützen

- die Abbildung eines Aufgaben- und Problemsachverhaltes ausgehend von einem bestehenden gesellschaftlichen Bedürfnis oder angestrebten Ziel, des objektiven Sachverhaltes sowie der Erfahrungen, Kenntnisse, Bedingungen und Motivationsstruktur,
- das Erkennen von Problemen, Widersprüchen, Unverträglichkeiten, Schwachstellen, Lücken (Defekte),
- das Ableiten origineller Aufgabenstellungen oder Zielsetzungen aus dem Feld der Defekte,
- die Einschränkung auf die attraktivsten Arbeitsrichtungen und Aufgabenstellungen.

Dieses methodisch-systematische Vorgehen war beim Finden und Entwickeln von Forschungs- und Entwicklungsaufgaben bei der Neuentwicklung, Weiterentwicklung, angewandten Forschung, Erkundungsforschung eine wirksame Unterstützung, z.B. für die Verfahrens- und Produktentwicklung, die Findung von Gesetzmäßigkeiten, die Kennwertforschung, bei technisch orientierten Prognosen. Es wurde u.a. im Zentralinstitut für Schweißtechnik, ähnlichen Industrieinstituten oder in der Hochschulforschung eingesetzt.

Das methodische Vorgehen für die Aufgabenfindung stand bei der SH vor 50 Jahren noch am Anfang, da man sich in den Großforschungszentren beim Einstieg mit der SH vor allem auf das Bearbeiten der brennenden F/E-Aufgabenstellungen konzentrierte. Wirkungsvoll angewendet wurden die Methoden und heuristischen Programme zur Trendanalyse, Feldforschung, Einsatzanalyse, Analogiebildung, Funktionswertfluss- und Defektanalyse und Strukturvariation.

In Punkt 4.2 wurde die Aufgabenpräzisierung A2 der Speicherspalte A genauer vorgestellt.

**Speicherspalte B: Die Bildung zweckentsprechender Zeichen, Begriffe und Klassifikationen.**

In dieser Aufgabenklasse sind die Methoden in Form heuristischer Programme systematisch zusammengestellt

- zur Bildung von Zeichen mit den Schritten Wahl der Zeichen, der Bildungsregeln, der Gütekriterien und Festlegungen zu ihrer Bedeutung und Darstellung,
- zur Prüfung der festgesetzten Zeichen, zur Begriffsanalyse und Begriffspräzisierung einschließlich der Zielbaummethoden,
- zur analytischen und synthetischen Klassifikation, z.B. von Zeichen, Aufgabenstellungen, Produkten, Verfahren.

**Speicherspalte C: Das Erarbeiten von Gesetzesaussagen.**

Die Aufgabenklasse Gesetzesaussagen bezieht sich auf die Bereiche der Naturwissenschaften und Technik und enthält Methoden

- für die Bildung von Gesetzesaussagen, mit empirischem Vorgehen, mit mathematischen Formalismen, mit Hilfe von Modellen, durch Übertragung von Gesetzesaussagen auf analoge Problemsachverhalte sowie Synthese mehrerer vorliegender Gesetzesaussagen,

- für die Überprüfung von Gesetzesaussagen auf Korrektheit durch experimentelle Verfahren,
- für die Präzisierung von Gesetzesaussagen.

**Speicherspalte D: Das Modellverfahren.**

Diese Aufgabenklasse beinhaltet die heuristischen Programme für das Lösen von Aufgabenstellungen mit Hilfe des Modellverfahrens. Das Modellverfahren ermöglicht die Gewinnung von Erkenntnissen über einen Originalsachverhalt, wenn ein Modell dafür als Hilfsmittel erforderlich ist.

Modellverfahren werden im F/E-Bereich vor allem angewendet, wenn

- die Vielzahl der Einflussgrößen des Originalsachverhaltes die Lösung der Aufgabenstellung am Original erschwert oder diese nicht möglich ist. Z.B. werden für die Bestimmung von Kenngrößen für die Gestaltfestigkeit von Schweißverbindungen repräsentative Modelle in Form von Probenkörpern und einer Simulation der Beanspruchungsverhältnisse benötigt.
- aus wirtschaftlichen und/oder technischen Gründen die Lösung der Aufgabenstellung am Original nicht vertretbar oder machbar ist,
- aus ethisch-moralischen Gründen die Nutzung von Modellen zwingend notwendig ist.

Die vielfältigen Modellsituationen werden durch ein breites Methodenangebot in Form von heuristischen Programmen behandelt für

- die Bildung von technischen, theoretisch-mathematischen und empirisch-mathematischen Modellen,

- die Entwicklung des Behandlungsplanes, z.B. das Versuchsprogramm,
- das Behandeln bzw. Manipulieren von Modellen für das Erarbeiten der Modellergebnisse,
- die Transformation der Ergebnisse aus dem Modellbereich in den Originalbereich,
- das Überprüfen oder die Plausibilisierung der Modellergebnisse, z.B. mit Experimenten, Tests, Vergleichen, Analogien.

**Speicherspalte E: Das Entwerfen von technischen Systemen.**

Die Methoden und heuristischen Programme dieser Aufgabenklasse sind vor allem auf das Generieren von Lösungsprinzipien bis zu Entwürfen für technische Systemen sowie auf ihre Bewertung und Priorisierung ausgerichtet. Das Konkretisieren der günstigsten Lösung gemäß Speicherplatz E3 durch das Quantifizieren, konkrete Gestalten und Berechnen, Verifizieren war Anfang der 1970er Jahre weniger Gegenstand dieser Speicherspalte. Die Strukturierung des Speicherplatzes E3 durch Algorithmen gewann jedoch in den Folgejahren für die Vorbereitung der rechnergestützten Konstruktion und zur Ermittlung des Informationsbedarfs an Bedeutung.

Folgende häufig genutzten Methodenbausteine haben in der Praxis an Bedeutung gewonnen.

- Das Ermitteln und Analysieren einer Funktionsbeschreibung von technischen Systemen.
- Das Ermitteln von Lösungsprinzipien durch Suchen von Lösungsvarianten für eine Variable, z.B. das Suchen von funktionserfüllenden naturgesetzlichen Effekten, Elementen, Teilfunktionen und/oder Systemlösungen mit analoger Funktion usw., aus-

gehend von einer zu erfüllenden Funktion in einem definierten Suchraum (E 112).

- Das Ermitteln von Lösungsprinzipien durch das Zerlegen der zu erfüllenden Funktion in Teilfunktionen und ihre Verknüpfungen und Kopplungen zur Bildung von funktionellen Strukturen, z.B. als Verfahrensprinzipien.
- Das Ermitteln von Lösungsprinzipien durch das Strukturieren einer bekannten oder gegebenen Struktur, z.B. eines Verfahrensprinzips, durch das Bilden konkretisierter Realisierungselemente für die variablen Strukturelemente und durch die Kombination und Synthese der konkretisierten Realisierungselemente zu neuen, originellen Lösungsstrukturen.
  Es werden Wege aufgezeigt zur systematischen, eingeschränkten und spontanen Kombination (Morphologie).
- Die Lösungsfindung durch die Variation von Strukturkomponenten einer bekannten oder gegebenen Struktur.
  Diese Methode wird in der Praxis sehr häufig, vielfältig und erfolgreich genutzt und eignet sich zur Weiterentwicklung und unter Umständen auch zur Neuentwicklung. Die Strukturvariation wird mit diesem Programm angeregt
  - durch die Variation der Elemente, Kopplungen, Anordnungen, Effekte, Wirkpaarungen, Parameter und Umgebung einer Struktur oder ihrer Eigenschaften,
  - durch die Variationsprinzipien, z.B. Zerlegen, Trennen, Umkehren, Austauschen, Hinzufügen, Weglassen, Verknüpfen, Integrieren, Kombinieren, Verlagern, Kompensieren, Vergrößern, Verkleinern usw.

- Das Bewerten von Varianten und Alternativen gefundener oder gegebener vergleichbarer Objekte, z.B. für das Erkennen der günstigsten Lösungsvariante, für Weltstandvergleiche, für allgemeine Variantenvergleiche.

Die heuristischen Programme unterstützen die Zusammenstellung vergleichbarer Varianten, das Erarbeiten der Bewertungskriterien, das Wichten der Kriterien und die Bildung der Werturteile. Die Bewertungsprogramme sind einfach und gut verständlich und werden sehr breit und erfolgreich angewendet.

- Das Konkretisieren der Lösungsprinzipien und -entwürfe von technischen Verfahren und Gebilden.

**Speicherspalte F: Entwickeln von technischen Verfahren.**

Die heuristischen Methoden für die Verfahrensentwicklung sind orientiert auf

- die Entwicklung und Findung des Wirkprinzips, des Verfahrensprinzips und die Gestaltung des Prozessablaufs zur Gewinnung des Verfahrenskonzeptes,
- das Finden der notwendigen technischen Mittel bzw. der Operatoren, die auf den Operanden einwirken, um die Operationen des Verfahrens zu ermöglichen.

Damit erfolgt die Gestaltung des Verfahrens,

- die experimentellen Untersuchungen, die Kenngrößenforschung zur Verifikation und konkreten Auslegung des Verfahrens sowie
- die Schwachstellenanalyse, vor allem zur Optimierung des Verfahrens.

Für die Entwicklung des Verfahrenskonzeptes und das Finden der technischen Mittel eignen sich die Methoden der Prinzipfindung und Bewertung aus Speicherplatz E1. Für die experimentellen Untersuchungen und Schwachstellenanalysen können auch die Methoden der Speicherspalte D *Modellverfahren* genutzt werden.

## 4.5 Die systemwissenschaftliche Arbeitsweise

Die systemwissenschaftliche Arbeitsweise (SWAW) ist ein relevanter Bestandteil des Arbeitsregimes der SH. Sie ermöglicht es, neben dem methodischen Aspekt auch den Gegenstand bzw. das zu generierende Objekt des gedanklichen Prozesses mit seinen Wechselbeziehungen im Sinne der methodisch-systematischen Arbeitsweise als Einheit zu behandeln und darzustellen.

Die SWAW nutzt u.a. das Gedankengut der Systemtheorie und Kybernetik in einer vereinfachten Aufbereitung. Damit bietet die SWAW ein praktikables, sehr effizientes Instrumentarium für die Systembeschreibung und -untersuchung nach allgemeingültigen Gesichtspunkten in einer einheitlichen, fachübergreifenden Sprache (Zeichen, Begriffe, Symbole), das für Fachleute der verschiedensten Branchen und Fachdisziplinen auch bei interdisziplinärer Teamarbeit verständlich und effektiv handhabbar ist.

Rückblickend kann zusammenfassend festgestellt werden, dass die SWAW die systemorientierte Komponente im gedanklichen Bearbeitungsprozess beim Analysieren und Generieren unterstützt und die Wahrung der notwendigen Einheit und Wechselwirkungen des operationalen Aspektes, z.B. die Methoden, Regeln, Strategien, und des objektbezogenen Aspektes, d.h. des Gegenstands des gedanklichen Prozesses, z.B. das zu entwickelnde Produkt oder Verfahren, ermöglicht.

Damit wird die angestrebte effektive, schöpferische methodisch-systematische Arbeitsweise ermöglicht. Die Erfolge bei der Anwendung der SH in der Praxis, beim Methodentraining an Aufgabenstellungen für die Praxis und bei der Weiterbildung wurden nachvollziehbar durch die bewusste Nutzung dieser Einheit und Wechselwirkungen mit Hilfe der SWAW erreicht. Allerdings war auch hier der methodisch-fachliche Moderator ein wichtiger Erfolgsfaktor. Die system-wissenschaftliche Arbeitsweise ließ sich durch ihre Objektnähe gut vermitteln.

Heuristische Analyseprogramme für die Untersuchung der Systeme und Prozesse an Hand der Systemmerkmale sind für verschiedene Aufgabenklassen von Bedeutung. Das gilt besonders für die Aufgabenklassen *Aufgabenfindung und -präzisierung* A, *Modellverfahren* D und *Entwerfen* E und F. Am häufigsten und wirksamsten kommen hier die Programme zur Funktionsanalyse, Systemanalyse, Funktionswertflussanalyse, Schwachstellenanalyse (siehe Bild 1.17), Defektanalyse und Substitution zur Anwendung.

Die Anwendung der SWAW ist für einen wesentlichen Teil der F/E-Arbeit für alle Aufgabenklassen zu empfehlen, z.B. dann, wenn Objektmerkmale, Systemcharakteristiken und -eigenschaften, Probleme, Defekte, Wirkungen, Einwirkungen, Kenngrößen, Anforderungen, Zusammenhänge, Schwächen und Stärken, Chancen und Risiken systematisch, überschaubar und vergleichbar in verschiedenen Abstraktionsstufen herausgearbeitet werden sollen.

Die analytische Arbeit mit der SWAW und den Analyseprogrammen fällt den Nutzern wesentlich leichter als die Anwendung der Programme zur Lösungsfindung. Die SWAW ist auch für die interdisziplinäre Teamarbeit äußerst wirksam, da sie mit ihrer Sprache, den Begriffen und Zeichen die Fachspezifik der Teammitglieder aus verschieden Fachgebieten wirkungsvoll überbrücken kann und den Blick für das Ganze und das Wesentliche unterstützen.

Sie ist vor allem von Bedeutung für die Analyse von Systemen und Prozessen, das Arbeiten mit Modellen, für das Finden von Lösungsprinzipien und Wirkpaarungen, bei der Entwicklung technischer Gebilde und Verfahren sowie für naturwissenschaftlich-technische Sachverhalte jeglicher Art. Dafür stellt die SWAW systemanalytische Arbeitsinstrumentarien und heuristische Methoden für die vielfältigen Analysen und Substitutionsvorgänge zur Verfügung.

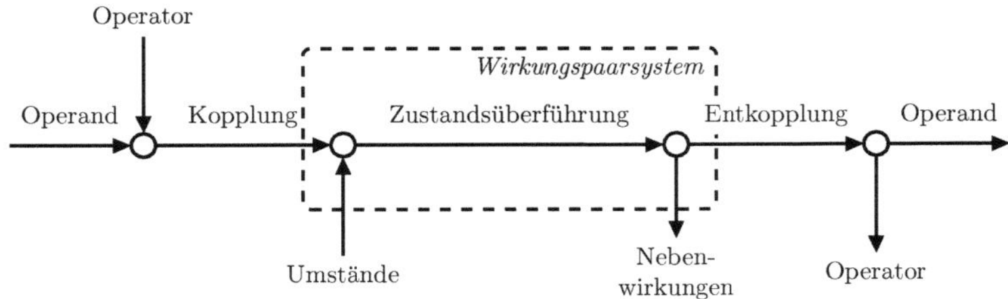


**Bild 1.15:** Modell für eine Wirkpaarung in technischen Systemen

Die Arbeitsinstrumentarien der SWAW ermöglichen es, reale Systeme, z.B. Maschinen, und konkret beschriebene Systeme, z.B. System- und Prozessentwürfe, so in verschiedenen Abstraktionsebenen durchschaubar und behandelbar zu machen, dass die wesentlichen Systemmerkmale, die inneren und äußeren Zusammenhänge, die Wirkmechanismen und Wirkpaarungen, die Wirkungen und Einwirkungen der Systeme sowie ihre Schwach- und Starkstellen und Defekte erkennbar und behandelbar werden.

Die folgenden Systemmerkmale wurden von der SH begrifflich anwendungsgerecht für die Systembehandlung definiert und durch geeignete Beschreibungsmittel dargestellt:

- System, reales und antizipiertes
- Umgebung des Systems
- Verhalten und Zustand des Systems
- Übergangsfunktion, Entwicklungsfunktion, Nebenfunktion, Störund Entstörfunktion

- Funktionswertfluss
- Struktur, Element, Relation (Kopplung, Anordnung)
- Wirkpaarung (Bild 1.15), bestehend aus Operanden (Objekt) und Operatoren (die Einwirkungen auf das Objekt), welche die Operation (die Zustandsänderung) im elementaren funktionellen Bereich ermöglichen.

Das Denkmodell der Wirkpaarung konnte sowohl für die Gewinnung neuer, origineller Lösungen als auch für die Analysetätigkeit sehr produktiv genutzt werden.

Beispiele für die Definition und die Darstellung einiger Systemmerkmale, wie die Begriffe System, Systemverhalten und Funktionswertflussanalyse zeigt Bild 1.16. Als Beschreibungsmittel werden z.B. die Funktionswertflussanalyse, Grafendarstellungen, Netzwerke, Linienflussbilder, Blockschaltbilder, Ikonendarstellungen verwendet.

| | |
|---|---|
| *System*: | In Zeit und Raum begrenzter Teil der Wirklichkeit, der in einer *Umgebung* ein spezifisches *Verhalten* zeigt. |
| *Umgebung*: | Gesamtheit der Systeme, die auf das betrachtete System *einwirken* (Eingangsgröße $E$, Umstände $U$) und auf die es *wirkt* (Ausgangsgröße $A$, Nebenwirkungen $NW$). |
| *Verhalten*: | Gesamtheit der charakteristischen Wirkungen, die ein System bei gegebenem *Zustand* unter bestimmten Einwirkungen aufweist. Das Verhalten des Systems ist bei gegebenen Einwirkungen durch dessen *Struktur* erklärt. Werden die funktionsentscheidenden Einwirkungen $E_F$ und Wirkungen $A_F$ betrachtet, kann vom Verhalten zur *Funktion* abstrahiert werden. |

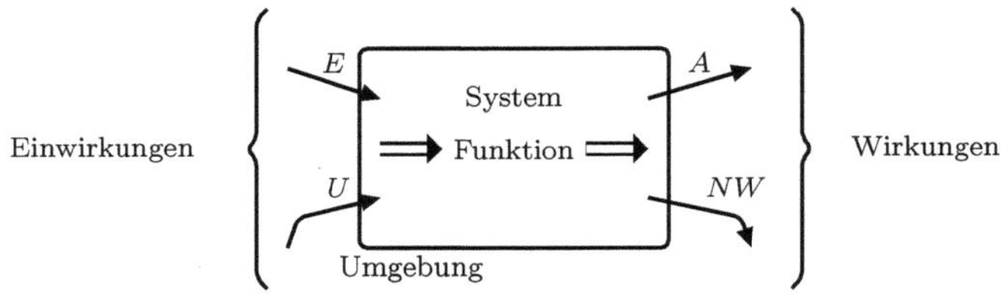

| | |
|---|---|
| *Funktion*: | Eigenschaft des Systems, bestimmte $E$ in bestimmte $A$ bei gegebenen $U$ zu überführen. Die Überführung erfolgt mittels Wirkpaarungen (Operationen). Die Funktion kann in die eigentlich bezweckte Wirkung, die *Überführungsfunktion* und die *Entwicklungsfunktion* differenziert werden. Die *Entwicklungsfunktion* charakterisiert ein erwünschtes oder bedingtes Verhalten in einem Zeitintervall des Funktionierens des Systems (z.B. Wachstum, Verschleiß, ...). Die mit der *Überführungsfunktion* zu antizipierende *Entstörfunktion* ist eine nötige Reaktion auf das Verhalten des Systems und dessen Teilsysteme auf .... |

**Bild 1.16:** Definition und Darstellungsmittel der Systemmerkmale am Ausschnitt der Merkmale „System, Systemverhalten, Funktion ... "

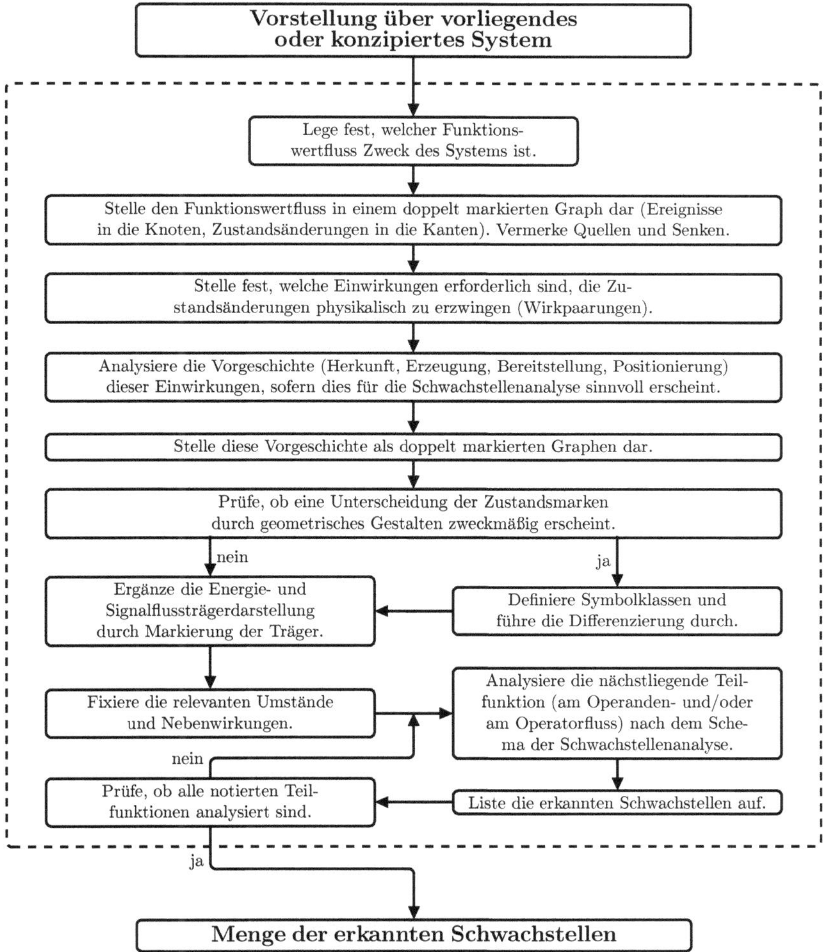


**Bild 1.17:** Das heuristische Programm zur Schwachstellenanalyse

## 5. Zusammenfassung

Das Methodensystem der Systematischen Heuristik (SH) wurde zwischen 1968 und 1971 konzipiert und bei der Bearbeitung von komplexen, innovativen Problemstellungen in großen F/E-Zentren der DDR mit Unterstützung von methodisch-fachlich kompetenten Moderatoren erfolgreich erprobt.

Die Zielsetzung der Systematischen Heuristik (SH) war es, entsprechend der bestehenden wirtschaftlichen Situation in der DDR, die Effektivierung und Rationalisierung von gedanklichen Aufgaben- und Problembearbeitungsprozessen in der F/E zu fördern. Die SH sollte durch ihre schöpferische Nutzung dazu beitragen, die Entfaltung einer methodisch-systematischen Denk- und Arbeitsweise der Wissenschaftler und Ingenieure zu unterstützen.

Der Schwerpunkt *Effektivierung der Innovationsprozesse* stand in dieser Zeit im Mittelpunkt des Anwendungsprozesses der SH, um besonders die inkrementelle Innovation auf großer Breite für wichtige Projekte zu fördern. Durch die inkrementelle Innovation entstanden, auch nach damaligen internationalen Einsichten, rund 80% der Innovationen. Sie führt schrittweise und schnell zu neuen Lösungen und birgt ein geringeres Risiko auf Misserfolge. Sie erlaubt allerdings im Markt nur eine wesentlich geringere Chance auf überraschend neue Lösungen und auf eine starke Differenzierung zum Mitbewerber.

Bei der Anwendung der SH war man sich, in Anlehnung an die These von T.A. Edison, bewusst, dass für eine Innovation u.U. nur 1% Inspiration und 99% Transpiration notwendig sind, dass die inkrementelle Innovation zu wirtschaftlich bedeutenden Neuerungen führen kann und dass durch die Effektivierung der Transpirationsprozesse bedeutende Potentiale gewonnen werden können.

Das Methodensystem mit den heuristischen Programmen besteht nicht nur aus bewährten, systematisch geordneten heuristischen Methoden für repräsentative Aufgabenklassen der F/E-Tätigkeit. Es enthält in seiner Gesamtheit

- das methodische Vorgehen und die heuristischen Methoden für eine ganzheitliche, komplette Bearbeitung anspruchsvoller, innovativer Aufgabenstellungen,
- das Präzisieren der Aufgabenstellung einschließlich der Defektermittlung und der Planung des methodischen Vorgehens sowie des Arbeitsplanes für die Lösungsphase,
- den produktiven Begriff „Defekt", mit dem die Gesamtheit der Probleme, Widersprüche, Herausforderungen, Fragen, Schwachstellen, Mängel und Lücken erfasst wird, die im Lösungsprozess als Teilaufgaben bewältigt werden müssen,
- Hinweise und Hilfen zum Erkennen und Finden der geeigneten Methoden im konkreten Fall,
- Anleitungen und Regeln, wie und wann man mit heuristischen Programmen effektiv arbeiten kann,
- methodische Grundlagen und Prinzipien zum Verständnis der SH insgesamt und einzelner Methoden, konkret bezogen auf die verschiedenen Aufgabenklassen der Programmbibliothek,
- methodische Hilfen zum Abheben des methodischen Informationsgewinns *IGmeth* nach der Bearbeitung,
- Instrumentarien und Analysemethoden für eine systemwissenschaftliche Denk- und Arbeitsweise, die es ermöglichen, die methodischen Arbeitsschritte und den Gegenstand des gedanklichen Prozesses bewusst als Einheit zu behandeln,
- Fallbeispiele für alle Aufgabenklassen zur Unterstützung des Verständnisses der Methodenanwendung.

Dieses komplexe, allerdings in der Entwicklung stehengebliebene Methodensystem der SH, und vor allem die Anwendungserfahrungen bei der F/E-Arbeit und Weiterbildung in der Praxis können auch aktuell für Methodiker ein anregender Fundus sein. Vieles davon wurde in den folgenden Jahrzehnten in neueren Bemühungen um kreatives, methodisch-systematisches Arbeiten genutzt (siehe Komplex 2, Punkt 4).

Bei einer aktuellen Analyse der SH sind nicht nur die heuristischen Methoden für die repräsentativen F/E-Aufgabenklassen in ihrer systematischen Ordnung interessant. Folgende weiteren Merkmale der SH sind auch heute noch in den Methodenangeboten zu wenig berücksichtigt:

- Die ganzheitliche Ausrichtung auf den kompletten Problembearbeitungsprozess anspruchsvoller, innovativer Aufgaben- und Problemstellungen von der Aufgabenfindung und Aufgabenpräzisierung über die Problemlösung bis hin zur Verifikation der Lösung. Dieser für die Effizienz wesentliche Aspekt wird bei den heutigen Methodenangeboten zu wenig berücksichtigt.
- Die SH ist nicht nur begrenzt auf die Problemlösung ausgelegt wie so viele aktuelle Angebote, sondern verfügt über ein erweitertes Angebot für die relevanten Aufgabenklassen der F/E-Tätigkeit. Enthalten sind vor allem die heuristischen Methoden für die Aufgabenfindung, die vielfältige Analysetätigkeit, das Modellverfahren, die Gewinnung von Gesetzesaussagen, das Erarbeiten von Begriffssystemen, Klassifikationen und von Zeichensystemen.
- Die systemwissenschaftlichen Arbeitsmittel und Analysemethoden unterstützen, basierend auf den allgemeingültigen Gesetzmäßigkeiten von Systemen, den generierenden Prozess. Die bewusste methodische Nutzung der Einheit und Wechselwirkungen von Objekt und methodischem Vorgehen wird verkörpert durch

das Modell *Operation (Arbeitsschritt) – Operand (Zwischenergebnis) – Operator (Ziel-, Sach- und Programminformationen, sowie Mittel)*.

- Die sehr effektivitäts- und kreativitätsfördernde Wirkung des Methodensystems bei Teamarbeit im Problembearbeitungsprozess, wenn es gelingt, die methodische Führung des Bearbeiter-Teams durch einen methodisch-fachlich kompetenten Moderator zu ermöglichen.
- Eine weitere Einsicht zeichnete sich ab, und zwar, dass in solchen Prozessen neben der wissenschaftlichen Kreativität auch die soziale Kreativität im Team ein wesentlicher Erfolgsfaktor ist.

Das Methodensystem der SH der 1970er Jahre erfüllte jedoch die Anforderungen an ein modernes, wirksames und gut lehr- und lernbares Methodenangebot nicht hinreichend. Es war eine Illusion anzunehmen, dass ein so komplexes, geschlossenes Methodenangebot von einem Nutzer, der primär auf das fachliche Problem orientiert ist, völlig selbstständig mit Erfolg zur Entfaltung einer produktiven, methodisch-systematischen Denk- und Arbeitsweise führen kann.

Erste Schwachstellen der SH wurden z.T. schon in der Anwendungsphase sichtbar. Für diese These sind folgende Aussagen maßgeblich:

- Das Methodensystem ist zu breit, zu komplex, zu detailliert und trotz der klaren Strukturierung für den normalen Nutzer nur schwer und mit größerem Aufwand beherrschbar. Nach den ersten Schwierigkeiten wendet sich der Nutzer wieder der ihm geläufigen Arbeitsweise zu.

Erfahrungen zeigten, dass ausgewählte bewährte Methoden in gut fassbarer Darstellung genügen, um wirksame Effekte zu erreichen. Deshalb wurden in den Folgejahren der SH die attraktivsten, am häufigsten genutzten Methoden gezielt für repräsentative

Aufgabenklassen ausgewählt, vereinfacht dargestellt, verständlich erläutert und im Kreativitätstraining vermittelt [22]. Das war wirksam, jedoch noch nicht ausreichend für einen breiten, nachhaltigen Erfolg in der Praxis.

- Die eindimensionale, logisch-algorithmische Darstellung der Methoden in Form der heuristischen Programme reicht für die Aneignung einer methodisch-systematischen Denk- und Arbeitsweise allein nicht aus. Die Programmform führt zwar zu einer nachvollziehbaren Struktur der Methode. Die teilweise vielfältigen Vernetzungen und die Verweise auf Unterprogramme helfen oft zu wenig und verführen u.U. zum formalen Arbeiten.
  Für Innovationsprozesse wird immer wieder deutlich, dass Kreativität, Fähigkeiten, Wissen, Beharrlichkeit und Motivation der Bearbeiter und soziale Kreativität im Team wichtiger als „Abläufe" sind. Das können heuristische Programme allein nicht leisten.

- Methodisch wichtige Vorschriften der heuristischen Programme sind mitunter inhaltlich so komplex, dass ihre Umsetzung in methodische Handlungen ein fundiertes Methodenwissen vom Nutzer erfordert. Die Untersetzung solcher Vorschriften durch Unterprogramme hilft nur bedingt und erweitert die Komplexität des Methodensystems.

- Die SH ist zu wenig bzw. nicht explizit auf Methoden für das Lösen von Widersprüchen im Sinne von Altschuller [2] ausgelegt. Auch in ihrer Anwendungsphase Anfang der 1970er Jahre wurde bei den Aufgabenstellungen der F/E-Zentren weniger auf die sogenannte „radikale Innovation" orientiert, obwohl mit der Defektermittlung und bei der Aufgabenfindung auch das Ermitteln und Bearbeiten von Widersprüchen enthalten ist. Man beschränkte sich jedoch besonders auf die bekannten, durchaus wirksamen Problemlösungsmethoden und arbeitete damit mehr im Feld der inkrementellen Innovation. In den folgenden Jahrzehnten erfolgte ergänzend eine konsequente, bewusste Hinwendung zu Methoden der kreativen Widerspruchslösung, z.B. in den Erfinderschulen und bei ctc.

- Methoden, Wege, theoretisch fundierte Ansätze zur nachhaltigen und wirksamen Verinnerlichung der Methoden und Systemaspekte für eine schöpferische, methodisch-systematische Denk- und Arbeitsweise wurden nicht gefunden.

Der von der SH vorausgesetzte *definierte Mitarbeiter* lässt sich nicht einfach herausbilden. Dieser sehr wesentliche Erfolgsfaktor der Verinnerlichung und Nachhaltigkeit für die Methodenanwendung in der Praxis, Lehre und Fortbildung wurde bis heute noch nicht hinreichend gelöst.

Für diese Verinnerlichung und Nachhaltigkeit erscheint es auch aktuell notwendig, zur Entwicklung der methodischen Kompetenz und mentaler Fähigkeiten beim Nutzer für eine flexible, kreative, methodisch-systematische Denk-und Arbeitsweise ein geeignetes Angebot unter Berücksichtigung des *Methoden- und Systemaspekts* zu entwickeln. Es müsste gelingen, die methodische und fachliche Kompetenz beim Bearbeiter ähnlich zu entwickeln, wie sie sich viele Persönlichkeiten erarbeitet haben.

Mit diesem Ziel der Verinnerlichung und Nachhaltigkeit wurden, auch unter Nutzung der SH-Erkenntnisse und -Erfahrungen, von 1980 bis 1989 Kreativität-Trainingsseminare für hoch qualifizierte, erfolgreiche Wissenschaftler und Ingenieure aus F/E-Bereichen nach dem Methodenkonzept für eine methodisch-systematische Denk- und Arbeitsweise vom Kreativitätszentrum ctc der Bauakademie der DDR durchgeführt [22].

Es wurde gezielt die Förderung der sogenannten rationalen (wissenschaftlich-technischen) und der sozialen Kreativität im Team angestrebt. Sowohl in 14-tägigen als auch in je vier-wöchentlichen

Trainingsseminaren innerhalb eines Jahres wurden reale, konkrete Problemstellungen aus der F/E-Praxis der Teilnehmer in interdisziplinären Teams erfolgreich und methodisch fundiert bearbeitet und gelöst. Das *was* und *wie* zur Methode sollten sich die Teilnehmer vorwiegend im Selbststudium erarbeiten. Das Training wurde begleitet von Methoden- und Verhaltenstrainern und unter Klausurbedingungen durchgeführt. Der Hauptteil der Trainingszeit wurde für die praktische Arbeit am Problem verwendet. Es wurden von allen Teams innovative Lösungen und wertvolle Patentlösungen erarbeitet. Im Trainingsprozess war zunehmend zu beobachten, dass durch die wiederholte, intensive, selbstständige Methodenanwendung, Auswertung und Diskussion im Team eine zunehmende Loslösung von den methodischen Unterlagen gewonnen wurde, und dass sich eine erste Aneignung und Verinnerlichung attraktiver Teile der methodisch-systematischen Denk- und Arbeitsweise herausbildete.

Der Grad der Verinnerlichung und die Nachhaltigkeit konnten trotz der sehr positiven Einschätzung durch die Teilnehmer wissenschaftlich fundiert jedoch nicht nachhaltig nachgewiesen werden. Erkenntnisse und Erfahrungen der SH bzgl. der Erfahrungen aus der Zeit von 1973 bis 1978 waren bewusst und nachvollziehbar ein Ausgangspunkt für das ctc-Konzept. Das gilt auch für die Erfinderschulen, die ebenfalls von der SH profitierten und auch von ehemaligen Mitarbeitern der Abteilung Heuristik aktiv mitgestaltet wurden.

Trotz der deutlichen Kritik an der SH war diese auch für das ctc-Programm Impuls-, Ergebnis- und Erfahrungsgeber. Dieses ctc-Kreativitätstrainingskonzept war ein Schritt in die richtige Richtung zur methodischen Kompetenzentwicklung und damit zur Aneignung einer kreativen, methodisch-systematischen Denk- und Arbeitsweise sowie zu deren Verinnerlichung und Nachhaltigkeit.

Dieses Projekt wurde 1990 mit Schließung der Bauakademie zwangsläufig abgebrochen und so wissenschaftlich nicht ausgewertet. Es ist vermutlich trotz der sehr guten Trainingsbedingungen allein nur bedingt eine befriedigende Lösung. Für die Gewinnung einer geeigneten Lösung für die effiziente Vermittlung einer kreativen methodisch-systematischen Denk- und Arbeitsweise sind weitere gezielte, interdisziplinäre Forschungen notwendig. Das ist eine Herausforderung für die Methodiker und Denkpsychologen im Feld der Problembearbeitungsprozesse.

# Komplex 2: Die Institutionalisierung der Systematischen Heuristik, ihre Nachfolgeprozesse und gewonnene Erfahrungen

Prof. Dr. rer. oec. habil. Klaus Stanke

## Inhaltsverzeichnis

## Ein persönlicher Einstieg

Die Entwicklung der Systematischen Heuristik (SH) fällt in die Zeit um 1970, an der ich als stellvertretender Abteilungsleiter von Prof. Dr. Müller während der Existenz der Abteilung Heuristik intensiv mitgewirkt habe. Eine Einschätzung oder Charakteristik dieser Zeit ist für das Entstehen und die Entwicklung der SH bedeutsam, aber auch heute kaum emotionslos einzuordnen. Der kalte Krieg – damals als zwischen zwei Gesellschaftsordnungen gedacht – geht weiter. Besonders in Bezug auf die DDR-Geschichte gibt es recht unterschiedliche Wahrnehmungen. Deshalb ist im Abschnitt 1 ein bewusst persönlich dominierter Einstieg gewählt, dem man nicht zustimmen muss, der aber einige Aussagen mit Bezug zur SH aus dieser Zeit zusammenstellt, die man je nach eigener Erfahrung modifizieren kann und sollte. Dazu habe ich mir als Start eine aus meiner Sicht „gemäßigte" Aussagen [4] eines *west*deutschen Historikers gewählt, der diese Zeit in der DDR beschreibt, und da dies bei der „Bundeszentrale für politische Bildung" 2002 veröffentlicht wurde, sollte eine zu freundliche DDR-Sicht eigentlich nicht gegeben sein.

# 1. Die Situation für die Systematischen Heuristik in den 1960er Jahren

Die zweite Hälfte der 1960er Jahre war in der DDR noch deutlich von den Ergebnissen des Mauerbaus 1961 zur BRD geprägt. Borowsky [4] schreibt dazu:

*Die Mauer verhinderte die weitere Abwanderung qualifizierter Arbeitskräfte nach West-Berlin und in die Bundesrepublik. Sie war daher auch eine wesentliche Voraussetzung für den wirtschaftlichen Aufschwung und die Steigerung des Lebensstandards ...*

*Die DDR ... wurde auch von Politikern und Teilen der öffentlichen Meinung in der Bundesrepublik nicht länger als „die Zone" geringgeschätzt, sondern als zweiter deutscher Staat ernst genommen.*

*Diese Entwicklung steigerte nicht nur das Selbstbewusstsein der DDR-Führung ..., sie förderte auch ein gewisses Eigenbewusstsein der DDR-Bevölkerung. Darin mischte sich der Stolz auf die – im Vergleich zur Bundesrepublik unter viel schwierigeren Bedingungen – vollbrachte Aufbauleistung mit der Einsicht, dass eine Wiedervereinigung in absehbarer Zeit nicht zu erwarten sei und dass man sich daher im System des „realen Sozialismus" so gut wie möglich einrichten müsse. ...*

*Es gab eine gewisse Aufbruchstimmung, die auch mit dem Neuen ökonomischen System der Planung und Leitung der Volkswirtschaft (NÖSPL) einen neuen Weg in der Wirtschaftspolitik vorgab ..., indem sie in verstärktem Maße die technisch-wissenschaftliche Intelligenz in die Planung und Leitung einbezog und „materielle Hebel" zur Steigerung der individuellen und betrieblichen Leistungen ausnutzte. Die Betriebe sollten in begrenztem Maße selbst über die Verwendung erzielter Gewinne entscheiden können. An die Stelle des bisherigen primär auf Mengenplanung und zentrale direkte Steuerung ausge-*

*richteten Systems trat eine Planfestsetzung, die mehr auf indirekte Steuerung durch Zinsen, Prämien, Abgaben und Preise setzte.*

*1967 erfolgte der Beschluss des* Ökonomischen System des Sozialismus *(ÖSS) und das Konzept der* strukturbestimmenden Aufgaben. ... *Das ÖSS brachte weitere Fortschritte in der Entwicklung eines flexiblen Preissystems. Die Betriebe erhielten größere Entscheidungsbefugnisse. Auch strukturbestimmende Aufgaben, Investitionen und der Bau neuer Anlagen sollten sich nunmehr auf einige* Fortschrittsindustrien *konzentrieren, wie die Elektrotechnik und den Werkzeugmaschinenbau. ... Die forcierte Förderung dieser Sektoren sollte die Leistungen der DDR-Industrie auf Weltniveau bringen .... Unter dem Motto* Überholen ohne einzuholen *sollte dieser Rückstand so schnell wie möglich beseitigt werden. [4, S. 1]*

Das alles tangierte auch im besonderen Maße die Forschung und Entwicklung (F/E), den konstruktiven Bereich als künftigen Anwendungsschwerpunkt der SH. Das Ziel, *Pionier- und Spitzenleistungen* zu erzielen (vergleichbar mit Aufgaben der heutigen *Agentur für Sprunginnovationen*), bewegte die gesamte Gesellschaft als neue Aufgabenstellung. Verschiedene Prognoserunden erfassten z.B. einen bedeutenden Kreis von einschlägigen Wissenschaftlern, Praktikern und Forschern – so auch zum Thema *Aufgaben zur Rationalisierung und Automatisierung der technischen Vorbereitung der Produktion* [43]. Aber nicht nur die gesellschaftspolitischen Veränderungen, sondern eine intensive *Bewegung* der Arbeitsweise in den F/E-Bereichen zeichnete sich ab.

Eine wichtige Rolle spielten dabei die *Großforschungszentren* (GFZ) der DDR: Rechentechnik, Werkzeugmaschinenbau, Chemische Industrie, Erdölverarbeitung. Besonders zu nennen ist hier das *Projekt AUTEVO* (Automatisierung der technischen Produktionsvorbereitung) – heute kaum im Internet zu finden –, das sich schon ab

1963 mit der Automatisierung vor allem konstruktiver Arbeitsprozesse befasste [16] und dafür 1968 beim Kombinat Carl Zeiss Jena ein eigenes *Forschungsleitzentrum* (FLZ) betrieb („Das Forschungsleitzentrum FLZ AUTEVO wurde aus dem Staatshaushalt finanziert und hatte die Aufgabe, in internationaler Zusammenarbeit und mit den anderen Industriezweigen Forschungen für die computergestützte Produktionsvorbereitung voranzutreiben, u.a. im Maschinenbau, dem Anlagenbau, im Bauwesen und bei Carl Zeiss Jena und den Hochschulen" – siehe [1]).

Weiter zu nennen sind

- die Forschungen an den Hochschulen zu MAKON,
- die Arbeit des Forschungsrates der DDR z.B. in der Arbeitsgruppe Konstruktion [30],
- Prognosen in vielen Industrieforschungszentren,
- aber auch die noch immer wirkende Aufbruchstimmung in den gesellschaftlichen Bereichen (Kunst, Kultur, ...), die trotz aller Schwierigkeiten in der Wirtschaft die Bereitschaft, neue Wege zu gehen, stimulierte und förderte.
- Auch die laufende Hochschulreform gab weitere Impulse – praktisch so für die enge Zusammenarbeit von Johannes Müller mit Hochschullehrern der Konstruktionswissenschaften wie MAKON.
- Darunter fällt auch die enge Kooperation von Johannes Müller mit dem ZIS (Zentralinstitut für Schweißtechnik der DDR) Halle unter dessen Chef Werner Gilde, einem sehr agilen und vorausschauend wirkenden Wissenschaftler und Innovator.

In diesem Spannungsfeld von gegebener Situation, neuer Wirtschaftpolitik und neuen Herausforderungen begannen die Vorarbeiten zur Systematischen Heuristik von Johannes Müller. Auf dieser Basis vollzog sich nach Ende 1969 die Gründung der Abteilung Heuristik als Außenstelle der AMLO (Akademie für Marxistisch-Leninistische Organisationswissenschaften) Berlin in Karl-Marx-Stadt. Keimzellen waren die bis dahin existierende Arbeitsgruppe von Johannes Müller an der Technischen Hochschule Karl-Marx-Stadt und seine wissenschaftlich orientierten Problemseminare mit interessierten Vertretern aus Forschung, Industrie und Hochschulen[1].

Zielsetzung der Abteilung Heuristik war es, für die sich relativ „stürmisch" entwickelnden – weil auch dringlich erforderlichen (Es galt die Losung „überholen ohne einzuholen!") – F/E-Bereiche einen wirkungsvollen Beitrag zur „Effektivierung und Rationalisierung gedanklicher Arbeitsprozesse in Forschung und Entwicklung" zu leisten. Dazu wurden neue Wege und Ergebnisse gebraucht.

Trotz internationaler Signale zu CAD (Computer Aided Design) herrschte das Bild von der „genialen" Konstrukteurstätigkeit vor, die nicht rationalisierbar sei. So wurden mit Analysen zu algorithmisierbaren Abschnitten im Konstruktionsprozess beauftragte Studenten an die Hochschule zurückgeschickt, sie würden „unmögliches" untersuchen wollen. Auch solche Einstellungen förderten letztlich den Willen der in der Abteilung Heuristik Konzentrierten, die gestellten Ziele und nötigen Veränderungen zu erreichen, und machten deutlich, dass nicht nur methodische Arbeit zu leisten war.

Für die Arbeit der Abteilung Heuristik war förderlich, dass in dieser Zeit auf breiter Basis an der Effektivierung der Verfahrens- und Produktentwicklung in der Praxis, unterstützt durch die EDV-Anwendung, gewirkt wurde. Bereits 1968 lag etwa zum EDV-Einsatz in der Konstruktion eine Broschüre [55] vor, die mit AKV (**A**utomatische **K**undenwunschabhängige Produktions-**V**orbereitung) eine relativ einfache IT-Anwendung in der DDR aufzeigte, die etwa für

---

[1]Auf der Webseite [62] ist ein Film aus dem Jahr 1970 verlinkt, in dem Johannes Müller selbst zur Systematischen Heuristik spricht.

die Variantenkonstruktionen von Hydraulikschränken, Einzweckgetriebn, Gestellpressen u.a.m. eingesetzt werden konnte. Auch das half, den Boden für die Anwendung der SH vorzubereiten.

Vor allem die Änderung der wirtschaftspolitischen Zielstellungen der DDR Anfang der 1970er Jahre zur „Einheit von Wirtschafts- und Sozialpolitik" und weg von der Priorisierung einer F/E-Entwicklung hat Anfang 1972 zur Auflösung der Abteilung Heuristik geführt, bedingt auch durch den Wegfall des Arbeitsauftrages für die Großforschungszentren. Eine direkte Fortsetzung der erfolgreich begonnenen Arbeit zur weiteren Entwicklung und Anwendung der SH wurde dadurch abrupt abgebrochen. In den folgenden Jahrzehnten wurde das Gedankengut vereinzelt und nicht koordiniert aufgegriffen und weiterentwickelt. Zu diesen Entwicklungen wird im Abschnitt 4 berichtet.

Wenn auch letztlich sowohl für die Gründung als auch die Auflösung der Abteilung politische Gründe angenommen werden können, ändert das keinesfalls etwas daran, dass von der Abteilung eine wichtige wirtschaftliche und vor allem wissenschaftliche Arbeit geleistet worden ist.

## 2. Die Entwicklung der SH Ende der 1960er Jahre und das Wirken von Johannes Müller

*Prof. Dr. phil. habil. Johannes Müller (1923–2008) hat als Philosoph beginnend in den 1960er Jahren in enger Zusammenarbeit mit Ingenieuren und Naturwissenschaftlern wesentliche Beiträge [39], [40] zur Konstruktionswissenschaft, zur Anwendung heuristischer Methoden und für eine systemwissenschaftliche Denk- und Arbeitsweise für den Problemlösungsprozess mit einer sehr breiten Anwendung in der Industriepraxis geleistet. Er gründete mit der Systematischen Heuristik und ihrem Methodenbaukasten [41], [42] 1969 eine Heuristikschule, aus deren Wirken bedeutende Impulse für die Entwicklung der Konstruktionswissenschaft sowie eine methodisch-systemwissenschaftliche Arbeitsweise für Ingenieure und Wissenschaftler ausgingen. (zitiert nach [62])*

**Bild 2.1:** Prof. Johannes Müller

Johannes Müller hat sich mit der Arbeitsweise von Ingenieuren, insbesondere Konstrukteuren aus erkenntnistheoretisch-logischer Sicht befasst. Ziel war es, deren Arbeitsweise methodentheoretisch weiterzuentwickeln. Das erfolgte in enger Zusammenarbeit mit führenden Konstruktionswissenschaftlern der DDR, so Friedrich Hansen, TH Ilmenau.

*Die Systematische Heuristik mit ihrem Methodenbaukasten vermittelte nicht nur Vorgehensweisen und kreativitätsfördernde Methoden für das Präzisieren von Aufgabenstellungen, die Lösungsfindung, das Analysieren und Bewerten von Lösungsvarianten in Form von heuristischen Programmen, sondern stellte auch heuristische Programme für die Modellbildung, die Bildung von Begriffssystemen und Gesetzesaussagen in der Technik und Wissenschaft zur Verfügung.*

*In enger Zusammenarbeit mit der Ilmenauer Schule (z.B. Prof. Hansen [17]) wurden schon frühzeitig die für kreative, schöpferische Denk- und Arbeitsweisen besonders relevanten Phasen und Arbeitsschritte des Produktentwicklungsprozesses strukturiert und die diskursiv und intuitiv orientierten Methoden weiterentwickelt, ihnen zugeordnet und in der Praxis durch Moderation zur Anwendung gebracht. (zitiert nach [62])*

**Bild 2.2:** Prof. Johannes Müller im Vortrag

Bereits in seiner Dissertation (1964) [38] beschäftigte sich Johannes Müller mit dem Ingenieurdenken. Danach analysierte er an der Hochschule für Maschinenbau Karl-Marx-Stadt (heute TU Chemnitz) in seiner Habilitationsschrift [39] das methodische Vorgehen von Naturwissenschaftlern und Ingenieuren. Daraus entstand das Konzept der Systematischen Heuristik (1968) [41]. Um diesen Ansatz weiter zu verfolgen, gründete Johannes Müller 1968 an der damaligen Hochschule für Maschinenbau Karl-Marx-Stadt die Arbeitsgruppe *Methodologie der Technischen Wissenschaften* und organisierte Lehrgänge für Forscher und Entwickler aus der Industrie.

In ihrer Festausstellung zum 180. Jahrestag der Gründung der Technischen Universität Chemnitz [67] würdigt die Uni Johannes Müller als einen von sieben herausragenden Wissenschaftlern („Helden der Universität") in ihrer Geschichte mit Bild und beschreibt das wie folgt:

*Systematische Heuristik*

*Im Rahmen seiner Forschungen analysierte Johannes Müller von 1964 bis 1966 das methodische Vorgehen von Naturwissenschaftlern und Ingenieuren an der Technischen Hochschule Karl-Marx-Stadt. Bereits in seiner Dissertation hatte er sich mit dem Denken und der Herangehensweise der Ingenieure beschäftigt. Dies entwickelte Müller in seiner Habilitationsschrift (1966) weiter und die Arbeiten mündeten in dem Konzept der „Systematischen Heuristik" (1967). Damit sollte ein Methodensystem entwickelt werden, das in der Lage sein sollte, die geistige Arbeit zu effektivieren.* Das Prinzip besteht darin, wiederkehrende Probleme mit Methoden zu bearbeiten, die sich in der Vergangenheit bewährt hatten. *Müller baute Programmbibliotheken auf, in denen er diese Methoden systematisierte.*

*Eine Arbeitsgruppe junger Wissenschaftler unter seiner Leitung erprobte diese Methoden der Systematischen Heuristik erfolgreich in Großforschungsprojekten der DDR, u.a. am Zentralinstitut für Schweißtechnik Halle/Sa., und wies somit die praktische Relevanz nach.*

*Die Systematische Heuristik wurde 1970 als Teil der Akademie für marxistisch-leninistische Organisationswissenschaft mit Sitz in Karl-Marx-Stadt institutionalisiert. Jedoch wurde dieser Teil der Akademie in Folge interner ideologischer Auseinandersetzungen im*

*Politbüro der SED[2] nach dem VIII. Parteitag der SED Ende 1972[3] wieder aufgelöst.*

*Müller weigerte sich beharrlich, sein Methodengerüst auf die Geisteswissenschaften auszudehnen.*

*1990 wurde noch einmal eine Monografe zur Heuristik von Prof. Johannes Müller bei Springer publiziert, in der er die Diskussion in Ost und West der vergangenen Jahrzehnte zusammenfasste.*

*Die methodologischen Erkenntnisse der 1960er Jahre sind in ihrer Weiterentwicklung auch heute noch gefragt. [67]*

## Die SH als erfolgreicher neuer Ansatz zur Rationalisierung gedanklicher Prozesse

Johannes Müller hat für seine Arbeiten ab Mitte der 1960er Jahre zur Arbeitsweise von Ingenieuren und insbesondere Konstrukteuren aus erkenntnistheoretisch-logischer Sicht einen sehr praxisrelevanten Weg gesucht. Sein Ziel war, methodentheoretisch deren Arbeitsweise weiterzuentwickeln. Für seinen Erfolg war wesentlich, dass er in enger Zusammenarbeit mit führenden Konstruktionswissenschaftlern der DDR, so Friedrich Hansen, Ilmenau (s.o.), sowie dem Zentralinstitut für Schweißtecchnik (ZIS) und dessen legendärem Leiter Werner Gilde eine zeitige Praxisumsetzung seiner Erkenntnisse (zugleich als „Experimentierfeld") in dieser schwierigen Thematik betrieb und – gemessen an der deutlich gestiegenen Patentanzahl – erfolgreich auswies, ebenso wie im engen Kontakt mit dem Zentralinstitut für Schweißtechnik (ZIS) der DDR und dessen legendärem Leiter Werner Gilde.

---

[2]und einer geänderten Wirtschaftpolitik
[3]Die Auflösung erfolgte bereits Anfang 1972.

Als *Systematische Heuristik* wurden die ersten Anwendungserfolge popularisiert und mit der Abteilung Heuristik 1970 unter der Leitung von Johannes Müller eine leistungsfähige Einrichtung geschaffen, die bis Anfang 1972 in vier Großforschungszentren der DDR-Wirtschaft und darüber hinaus mit vielen mehrwöchigen Intensivkursen die methodische Qualifizierung von Ingenieuren in der industriellen Forschung und Entwicklung betrieb.

Mit dem Wechsel in der Wirtschaftspolitik von der strategischen zur realen Entwicklung (der *Einheit von Wirtschafts- und Sozialpolitik*) wurde die Abteilung Heuristik aufgelöst (siehe unten). Deren Mitarbeiter gingen zum Teil in ihre Herkunftsunternehmen zurück oder fanden neue Arbeitsplätze. Ein Teil sammelte sich in einer Arbeitsgruppe unter Leitung von Johannes Müller am *Zentralinstitut für Kybernetik und Informationsprozesse* (ZKI) der Akademie der Wissenschaften der DDR. Das war aber keine Überführung der SH und Methodenforschung, sondern ein neuer Arbeitsplatz mit einer neuen Aufgabenstellung, die lautete: *Entwicklung von Verfahren zur Ermittlung des notwendigen und hinreichenden Informationsbedarfs für gedankliche Prozesse.*

Weder die Abteilung Heuristik noch die Arbeit an der SH und den Methoden der geistigen Arbeit wurden so zentralisiert fortgesetzt. Allerdings – wie im Komplex 4 gezeigt wird – arbeiteten die ehemaligen Mitarbeiter in vielfältiger Form mit dem vorhandenen Wissen dezentral weiter und erbrachten so wichtige neue Erkenntnisse.

Johannes Müller konzentrierte sich ab 1972 auf die Fortführung der Forschung zur heuristischen und Methodenkompetenz von Ingenieuren und die *Informationsbedarfsermittlung*. Nachdem die ZKI-Arbeitsgruppe 1978 deutlich kleiner wurde, hat er sich wieder verstärkt seinem bewährten Praxisexperimentierfeld am ZIS zugewandt.

Die Schwerpunkte seiner wissenschaftlich Ergebnisse fasste er in einem 1990 im Springerverlag erschienen umfangreichen Buch *Arbeitsmethoden der Technikwissenschaften. Systematik – Heuristik – Kreativität* [47] zusammen, was eine wertvolle Auswertung und Ergebniszusammenstellung erbrachte.

Ein Nachruf erschien in den INGENIEUR-NACHRICHTEN unter dem Titel *Systematische Heuristik* und mit gleichlautenden Titel im Buch *Technik-Geschichten* [60]. Siehe dazu auch [62].

## 3. Die Abteilung Heuristik

Die Abteilung Heuristik wurde im Januar 1970 als eigenständige Außenstelle Karl-Marx-Stadt der im Jahr zuvor neu gegründeten *Akademie für Marxistisch-Leninistische Organisationswissenschaften* (AMLO) Berlin hinzugefügt. Sie arbeitete mit eigener wirtschaftlicher Rechnungsführung und eigener Aufgabenstellung. Sie war dem Direktor der Akademie direkt unterstellt und wurde von Johannes Müller geleitet. Sie hatte mehr als 30 Mitarbeiter, davon knapp 25 wissenschaftliche Mitarbeiter, und arbeitete darüber hinaus mit einer großen Zahl externer Fachleute in den Industrieprojekten und bei der Weiterbildung zusammen.

## 3.1 Die Institutionalisierung der Abteilung Heuristik an der AMLO Januar 1970

Die kleine Arbeitsgruppe von Johannes Müller an der TH Karl-Marx-Stadt bildete den Kern der Abteilung Heuristik. Sie wurde dazu aus der Hochschule herausgelöst und ab 1.1.1970 als *Abteilung Heuristik* – nicht, wie oft fälschlicherweise angegeben, als *Abteilung Systematische Heuristik* – der AMLO gegründet.

Johannes Müller hat mit dem Gründungsauftrag der Abteilung Heuristik mehr als zwei Dutzend vorwiegend junge, ehrgeizige, leistungsfähige Mitarbeiter aus seinen Problemseminaren sowie Doktoranden aus den Großforschungszentren und verschiedenen Industriezweigen in der Abteilung integriert.

Die Abteilung genoss als Neugründung in Zeiten des NÖSPL[4] einige Vorteile, so auch bezüglich der materiellen Interessiertheit, musste sich aber auch den neuen Bedingungen des NÖSPL stellen. Folglich hatte sie z.B. eine eigene ökonomische Gruppe, welche die Erfordernisse der wirtschaftlichen Rechnungsführung umsetzte und eine Eigenfinanzierung durch Verträge mit den Auftragnehmern, den Großforschungszentren (GFZ), organisierte und die Prämien aus dem Gewinn bezahlte.

Auf Weisung Walter Ulbrichts – dem das Konzept der SH persönlich vorgestellt werden konnte – wurde die Gründung kurzfristig in Anlehnung an ein erfolgreiches Modell der Gründung der Kaiser-Wilhelm-Institute von Anfang 1900 vollzogen, nach dem um einen fähigen „Kopf" ein Institut mit einer leistungsfähigen Mannschaft und einer ausreichenden Organisation, Struktur sowie finanziellen und materiellen Absicherung für die gegeben Zielstellung (damals Anfang 1900: Nobelpreise) gebildet wurde.

So konnte sehr schnell eine tatsächliche Leistungsfähigkeit der ca. zwei Dutzend wissenschaftlichen Mitarbeiter erreicht werden, die aus vielen Branchen kurzfristig gewonnen und dort oft in Prognosegruppen oder ähnlichen Bereichen tätig gewesen waren.

Die „Rekrutierung" der Mitarbeiter erfolgte mit zentraler Unterstützung, denn bei der in der DDR sehr knappen Kapazität an freien Leistungsträgern hätten die benötigten Mitarbeiter sonst

---

[4]NÖSPL steht für *Neues Ökonomisches System der Planung und Leitung,* mehr dazu in der deutschen Wikipedia.

nicht und schon gar nicht kurzfristig aus ihren aktuellen Aufgaben und Pflichten entbunden werden können. Wichtige Mitstreiter konnten auf Vorschlag von Johannes Müller gewonnen werden, die er aus seiner Tätigkeit als Promotionsgutachter, als Leiter des zentralen Prognosekreises Konstruktion und aus seinen Problemseminaren kannte. Andere Vorschläge kamen aus der Industrie, vorwiegend aus den Großforschungszentren und F/E-Bereichen. *„Im Dezember 1969 kamen zwei Mitarbeiter der Parteiführung aus Berlin ... zum Generaldirektor (GD) meines Kombinats und legten dar, dass mit dem Aufbau ... der Abteilung Heuristik die Wirtschaft einen Beitrag leisten muss. Somit wurde ich als wissenschaftlicher Mitarbeiter des GD delegiert und ab Januar 1970 ging es bei der SH los.“* (Prof. Dr. Dieter Hofmann, persönl. Mitteilung).

Neben den bestimmenden Außenaufgaben, die mit hohem Zeitdruck von Beginn an eingefordert wurden, stand die interne Qualifizierung für alle neu Hinzugekommenen im Vordergrund und folglich das Vertrautmachen mit der SH, die für die meisten davor noch unbekannt war. Das erfolgte in der Regel parallel zu der Aufgabenerfüllung. So hielt z.B. Johannes Müller in einem der nahezu ständig laufenden zweiwöchigen Weiterbildungskurse (allein 9 im Jahr 1970) als Intensivklausurtagungen für Industriekader in Bärenstein tagsüber Vorträge und Training. Abends ab 22 Uhr trafen sich die Abteilungsangehörigen mit ihm und sprachen darüber, wie sie am nächsten Tag dazu die Seminare mit den Teilnehmern gestalten konnten. Oft waren diese Themen auch für die Abteilungsangehörigen neu, die als Seminarleiter eingesetzt waren. Diese Crashkursvariante führte zu einer schnellen Qualifizierung der Abteilungsmitarbeiter.

Das war in der Arbeit vor Ort in den GFZ anfangs auch kaum anders. Die Qualifizierung zur selbstständigen Anwendung der SH für konkrete, innovative Aufgabenstellungen und die Fähigkeiten, ein interdisziplinäres Team zu führen, zu moderieren und zu motivieren, das musste – außer in gelegentlichen Klausurtagungen – vorrangig in der laufenden Arbeit, im Selbststudium und nicht zuletzt durch die Beobachtung von Johannes Müller bei der Arbeit in den Problemlösungsprozessen von konkreten Projekten erfolgen.

Die fordernde, aber gut angenommene Arbeitsweise in der Abteilung entsprach der Qualität und dem Potential des gewonnenen Personals, was sich langfristig auch nach dem Ende der Existenz der Abteilung zeigte. So sind z.B. – neben wichtigen erfolgreichen anderen Karrieren – allein von den damals 22 wissenschaftlichen Mitarbeitern sieben nach Promotion und Habilitation (Dissertation B) zum Professor in verschiedenen Fachgebieten berufen worden. Trotz der unterschiedlichen persönlichen Wege treffen sich die noch lebenden Angehörigen der ehemaligen Abteilung Heuristik regelmäßig seit vielen Jahren einmal jährlich zum Gedankenaustausch.

## 3.2 Die Arbeitsweise der Abteilung Heuristik

### 3.2.1 Arbeit in den Forschungsbereichen der Wirtschaft

Entscheidende Außenaufgabe der Abteilung war es – wie oben benannt –, einen wichtigen Beitrag zur „Effektivierung und Rationalisierung gedanklicher Arbeitsprozesse in Forschung und Entwicklung" in den GFZ zu leisten.

Seitens der Abteilung wurden mit den vier GFZ Chemie Leuna, Werkzeugmaschinenbau Karl-Marx-Stadt, Rechentechnik (Robotron) Dresden und Karl-Marx-Stadt sowie Erdölverarbeitung Schwedt Wirtschaftsverträge mit realen Forderungen und Preisen abgeschlossen. Für jedes GFZ wurde jeweils eine HEUTEVO-Gruppe (Heuristik in der Technischen Vorbereitung) gebildet, bestehend aus einem Leiter, mehreren Abteilungsmitarbeitern und den Delegierten des GFZ.

Delegierte blieben Mitarbeiter ihrer Einrichtung, waren aber zur Qualifizierung bezüglich SH und zur Mitarbeit an den vertraglichen Aufgaben der Abteilung Heuristik vom GFZ „abgestellt". Sie nahmen in gewissem Rahmen an allen Abteilungsaktivitäten teil, vorwiegend innerhalb der jeweiligen HEUTEVO-Gruppe.

Die HEUTEVO-Gruppen tagten meist wöchentlich im GFZ und arbeiteten dort an ausgewählten komplexen Schwerpunktthemen gemeinsam mit dem Themenleiter und den jeweiligen Themenbearbeitern. Sie waren vor allem für die Effektivierung der Problemlösungsprozesse in den Forschungs- und Entwicklungsthemen durch die Anwendung einer methodisch-systematischen Arbeitsweise bei interdisziplinärer Teamarbeit tätig.

In dieser Zusammenarbeit wurden einerseits sehr überzeugende fachliche Ergebnisse erarbeitet, andererseits konnten überraschend große Zeiteinsparungen erzielt werden. So wurde z.B. bestehender Terminverzug in der Themenarbeit wieder aufgeholt und es wurden schon lange anstehende bedeutende fachliche Entscheidungen fundiert getroffen.

Diese Zusammenarbeit entsprach für viele Teammitglieder der GFZ einer angestrebte methodischen Qualifizierung mit „kurzen Wegen" vor Ort.

## 3.2.2 Die Weiterbildungsarbeit der Abteilung Heuristik für Dritte

Die Gruppe Weiterbildung der Abteilung war mit zwei wissenschaftlichen und zwei technischen Mitarbeitern besetzt und hatte neben der konzeptionell-inhaltlichen Arbeit die gesamte Organisation abzudecken. Sie war auch für die innere Qualifizierung und Organisation der Klausurtagungen der eigenen Abteilung zuständig, wovon in der Regel jährlich zwei zu planen waren.

Da für die Intensivlehrgänge optimale Arbeitsbedingungen für die Teilnehmer aus der Industrie und anderen Bereichen zu gestalten waren, stellte das hohe Anforderungen an die Wahl der Tagungsstätte, des Internates und dessen Räumlichkeiten. Die Fachvorträge, die Übungen und das Training wurden durch die Mitglieder der Abteilung parallel zu den Aufgaben für die Projektarbeit in der Industrie durchgeführt.

So waren die mehr als zehn zweiwöchigen Klausurtagungen für über 300 Teilnehmer nicht nur eine fachliche Herausforderung für die Mitarbeiter der SH, sondern auch ein äußerst intensiv betriebener Qualifizierungskurs. Das für die Lehrgänge dafür vorwiegend genutzte *Hotel auf dem Bärenstein* war lange Zeit ein Stichwort zur gegenseitigen Identifizierung der Teilnehmer.

Mit diesen Kursen wurden zugleich Multiplikatoren geschaffen, die die Verbreitung der SH auch außerhalb der Vertragstätigkeit der Abteilung ermöglichen sollten.

## 3.2.3 Forschungsarbeiten und Veröffentlichungen

Das Hauptarbeitsgebiet der Forschung, in die alle wissenschaftlichen Mitarbeiter parallel zur sonstigen Arbeit in der Abteilung – wie HEUTEVO, Weiterbildungsaktivitäten usw. – einbezogen wurden, war die Arbeit an der Überarbeitung der Programmbibliothek für Ingenieure und Naturwissenschaftler [42].

Zu den Aufgabenklassen (Speicherspalten) der Programmbibliothek wurden Arbeitsgruppen gebildet, in denen Spezialisten aus der Forschung, den Hochschulen und der Industriepraxis intensiv mitwirkten; sofort beginnend, als [42] veröffentlicht worden war. In der verbliebenen Zeit bis Januar 1972 konnte das Manuskript für die auf drei Bände vergrößerte Bibliothek mit den ersten Forschungsergebnissen und einer Erweiterung des Programmangebotes von 35 auf über 105 Programme fertig gestellt werden [45].

Vier wissenschaftliche Mitarbeiter arbeiteten statt an der dreibändigen Programmbibliothek an einer Variante von Programmen für Organisatoren und Leiter [57], die in Grundzügen fertiggestellt und 1975 beim Institut für Getriebefertigung Magdeburg in Nutzung gehen konnte [58].

Weitere Ergebnisse waren z.B. das Ergänzungsmaterial zur Broschüre *Grundlagen der Systematische Heuristik* [44], das die praktische Nutzung der mehr theoretisch angelegten Broschüre unterstützen sollte und in der Weiterbildung verwendet wurde.

Die *Systemwissenschaftliche Arbeitsweise* (SWAW) benutzt u.a. das Gedankengut der Systemtheorie, den Systembegriff der Kybernetik und dessen Anwendung für konkrete System. Eine weitere Forschungsaufgabe befasste sich mit „Formalisierungsansätzen der SH".

Auch direkte internationale Kontakte wurden hergestellt – so mit dem Polytechnischen Institut der Republik Mari El in Joschkar-Ola, an dem A.I. Polovinkin tätig war. Er hat einen „verallgemeinerten heuristischen Algorithmus zur Suche nach neuen technischen Lösungen" [61, S. 193] entwickelt, der vor allem die rechentechnische Umsetzung und Unterstützung durch angelegte „jeweils zugeordnete Informationsmassive" bringen sollte.

Zwei Delegationsbesuch am Lehrstuhl für höhere Mathematik von Prof. Polovkin wurden zum Bekanntmachen mit den jeweiligen Forschungsergebnissen und zum Erfahrungsaustausch genutzt. Vereinbart wurde auch die Herausgabe der Programmbibliothek [42] in russischer Sprache. Sie erschien 1976 unter dem Titel *Библиотека программов систематической евристики для научных работников и инженеров* [29] und findet sich noch heute im Bestand der Bibliothek der TU Chemnitz.

**Bild 2.3:** Besuch einer Delegation am Lehrstuhl von Prof. Polovinkin

## 3.2.4 Das Innenleben der Abteilung Heuristik

Für das „Innenleben" hatte die Gründungssituation bedeutenden Einfluss. Es war eine sehr fordernde Zeit mit äußerst intensiver und spannender Arbeit, aber auch extensiv ausgedehnt. Neben der Hauptaufgabe, der Projektarbeit in der Industrie, war es notwendig, die Eigenqualifikation voranzutreiben, die Arbeiten zur Weiterentwicklung der SH zu bewältigen und die Weiterbildungsveranstaltungen für die Intensivlehrgänge, die Delegierten der GFZ sowie gesondert auch für interessierte Mitarbeiter der GFZ und der Industrie zu übernehmen.

Gleich mit Arbeitsbeginn wurden die Abteilungsangehörigen in die von der Abteilung durchgeführten Intensivkurse zur *Systematischen Heuristik* einbezogen und noch als selbst Lernende mit Lehraufgaben betraut.

Die Abteilung Heuristik bestand aus den Projektgruppen für die Großforschungszentren, der Gruppe Weiterbildung, der Gruppe Forschung und einem eigenen Ökonomiebereich. Die Abteilung in Karl-Marx-Stadt war der AMLO Berlin unterstellt, aber ökonomisch und inhaltlich selbstständig, wie es dem NÖSPL entsprach. Die Abteilung arbeitete nach eigener wirtschaftlicher Rechnungsführung, hatte sich durch Verträge (meist mit Großforschungszentren) zu kostendeckenden Preisen (einschließlich Gewinnmarge) selbst zu finanzieren. Auch relativ hohe ökonomische Stimuli aus dem erwirtschaften Gewinn wurden den Prinzipien des NÖSPL entsprechend erwirtschaftet und gezahlt.

Für die intensive Arbeitsatmosphäre der insgesamt ca. 30 Mitarbeiter war letzteres wohl nicht entscheidend, da die Arbeitsaufgaben hoch spannend und interessant waren und von Johannes Müller kollegial fordernd auf hohem Niveau gehalten wurden, aber es wirkte sicher auch dank der Höhen in dem mit Prämienzahlungen ansonsten generell nicht verwöhnten „nicht materiell produzierenden" Bereich – auch eine damalige Maßnahme des NÖSPL der DDR.

Ansonsten entfaltete das Kollektiv der Abteilung auch ein reges gesellschaftliches Leben entsprechend den damaligen Geflogenheiten zur Kollektivfestigung, pflegte Kontakte zu Schülern und organisierte andere Veranstaltung.

**Bild 2.4:** In diesem ehrwürdigen Gebäude im 3. Stockwerk zentral in der Bretgasse am Markt in Karl-Marx-Stadt gelegen, fanden wir unsere Arbeitstelle, die freundlicherweise Kurt Peter Hofmann – hier mit dem aktuellen Stand (2016) – abgelichtet hat.

# 4. Nachfolgeprozesse und Wirkungen der SH zur Effektivierung und Kreativitätsförderung in Wissenschaft und Technik

Die nachfolgenden Darstellungen sollen zeigen, wie und was von den Erkenntnissen und Erfahrungen aus der Anwendung und Nutzung der SH in der Zeit nach 1972 weiter eingesetzt wurde. Dabei werden nur die wichtigsten Beispiele genannt, denn die durchgeführten Weiterbildungen haben in beachtlichem Umfang mindestens partiell auch nachgewirkt, wenn auch – nach Aussagen von Johannes Müller – die Vermittlung von Heuristikwissen und -Methoden nicht einfach und nicht automatisch nachhaltig ist.

## 4.1 Die ZKI-Gruppe

Ab März 1972 arbeitete eine kleine Gruppe mit Johannes Müller am *Zentralinstitut für Kybernetik und Informationsprozesse* (ZKI) Berlin, bestehend aus fünf Wissenschaftlern der ehemaligen Abteilung Heuristik, an dem Forschungsthema *Entwicklung eines Verfahrens zur Bestimmung des notwendigen und hinreichenden Informationsbedarfs für gedankliche Prozesse in Wissenschaft und Technik*. Für diese Forschungsarbeiten wurden u.a. auch Erkenntnisse aus der SH als Input genutzt.

Die Gruppe arbeitete damit nicht an der SH weiter. War die Gründung der Abteilung und damit die SH durch die Parteiführung der SED deutlich unterstützt worden, hätte eine Weiterführung der Arbeiten ausgelegt werden können, als sei der neu eingeschlagene politische Kurs nicht ernst gemeint. Folglich wurde im politischen Tagesgeschäft dieser Gruppe eine andere Aufgabe zugewiesen, womit die direkten Arbeiten zur SH mit der Auflösung der Abteilung zum Erliegen kamen.

Es bedeutete nicht – wie nachfolgend gezeigt wird –, dass viele Multiplikatoren und Anwender nicht weiter mit der SH arbeiten konnten, aber es gab keine hauptamtliche Führungseinrichtung mehr, wohl aber den weiterhin dringenden Bedarf an Höchstleistungen in Forschung und Entwicklung.

Diesem Bedarf wäre durch eine solche inhaltliche Führungseinrichtung sicher besser entsprochen und dabei die SH weiterentwickelt worden. So blieb die SH eine abgebrochene, interessante und sehr wichtige Episode mit weitreichenden Folgen trotz der nur zwei aktiven Lebensjahre.

Am ZKI war es möglich, neben der Arbeit am Forschungsthema auch an anderen Projekten in begrenztem Maße nebenamtlich mitzuwirken, z.B. in den Fachgruppen der Kammer der Technik, an Hochschulen, für Fachtagungen, an Veröffentlichungen, im Zentralinstitut für Schweißtechnik Halle/Saale. Daraus entstanden wichtige Ergebnisse, insbesondere, als ab 1976 Mitarbeiter dieser Gruppe eigene Wege gingen.

Im Ergebnis dieser Tätigkeiten nach 1972 und in der Abteilung Heuristik erarbeitete z.B. Johannes Müller wertvolle Beiträge zu Arbeitsmethoden in den Technikwissenschaften und zur Konstruktionswissenschaft. So entstand u.a. auch seine Monografie [47] zur Konstruktionstechnik, die 1990 veröffentlicht wurde.

Eine Kernaussage daraus lautet: *Für die Akzeptanz von extern bereitgestellten Methoden kommt es auf die „innere Schnittstelle" zwischen diesen externen und den im Kopf vorhandenen „inneren" Methoden an, und wie sich Bedarf, Situation, Umstände u.a. gestalten. „Praktiker haben keine Akzeptanzschwierigkeiten gegenüber Methoden und Methodik, aber sie müssen beim Gebrauch die ihnen gemäße „Gangart" anschlagen, individuelle Ausprägungen benutzen und so verfahren dürfen, wie sie „das Zeug dazu haben" ...*

## 4.2 Erfinderschulen und Leistungsträger der SH verbreiten Wissen zur SH

Im Lehrmaterial für die KDT-Erfinderschulen [20] schreiben Michael Herrlich und Gerhard Zadek auf S. 36: *„Ein heuristisches Programm ist eine aus der erfolgreichen Bearbeitung analoger Aufgabenstellungen (AST) abgeleitete, geordnete Menge von Anregungen, mit der das Ziel mit großer Wahrscheinlichkeit erreicht wird. "* In der gravierenden Weiterentwicklung der inhaltlichen Aussagen in den Erfinderschulen 1984/86 von Hans-Jochen Rindfleisch und Rainer Thiel zu einem *Programm zur Herausarbeitung von Erfindungsaufgaben und Lösungsansätzen in der Technik als systemwissenschaftliche Problemanalyse* (ProHEAL) [53] wird in der Einleitung betont: *„In diesem Material und sowie in dem folgenden Programm sind Gedanken aus der Systematischen Heuristik [41] von Johannes Müller und Peter Koch und aus der Erfindungsmethode von G.S. Altschuller verarbeitet worden in der Überzeugung, dass die angestrebte Methode des Herausarbeitens von Erfindungsaufgaben aus diesen beiden Quellen schöpfen muss. "*

Auch der entscheidende Initiator der Erfinderschulen der DDR, der Verdiente Erfinder Michael Herrlich, Leittrainer – später zeitweise hauptamtlich im Patentamt der DDR tätig – unterstützte KDT-Arbeitsgruppen zur *Rationalisierung der geistigen Tätigkeiten und Methodik des Erfindens* und *Erfindertätigkeit/Schöpfertum*, in denen ehemalige Abteilungsangehörige oder Absolventen von Heuristik-Weiterbildungsveranstaltungen sehr aktiv waren. Gleiches gilt für Hans-Jochen Rindfleisch und ProHEAL [53], wo insbesondere die Altschuller-Programmatik aufgegriffen und inhaltlich weiterentwickelt wurde.

Insofern hatten die Erfinderschulen als wichtigste Form der Qualifizierung bezüglich Erfindungswesen und Förderung des Schöpfertum in Wissenschaft und Technik nach der Zeit der SH nicht nur den Sprung zur Erfindungsthematik erfolgreich gemeistert, sondern auch auf den vormaligen Erkenntnissen der SH mit Erfolg aufbauen können.

Die Zielsetzung der Erfinderschulen in der DDR war darauf gerichtet, kreativitäts- und effektivitätsfördernde Prinzipien und Methoden im Rahmen einer kreativen, methodisch-systemwissenschaftlichen Denk- und Arbeitsweise sowie Kenntnisse zum Patentwesen und zu Patentrecherchen für das Stimulieren von Ideen und der Erfindertätigkeit nachhaltig und praxisbezogen zu vermitteln. Das Erfolgsprinzip war, die Anwendung der methodisch-systemwissenschaftlichen Denk- und Arbeitsweise an aktuellen, noch nicht gelösten, problemorientierten Aufgabenstellungen aus der Praxis der Teilnehmer für die Praxis im Teilnehmerteam zu trainieren.

Die Beschleunigung der internationalen industriellen Entwicklung erforderte in den 1970er Jahren, vor allem in der exportorientierten Industrie der DDR, mehr Erfindungen und Patente mit großer Erfindungshöhe sowie hoch produktive, wirtschaftlich effiziente Neuerungen auf Weltniveau. Es galten in progressiven F/E-Kreisen z.B. die Thesen: „Phantasie und Erfinden ist Pflicht", „Wer nicht erfindet, verschwindet" oder „Geht nicht, gibt's nicht". Klar war, dass gutes fachliches Wissen, Fleiß und Gründlichkeit in der F/E notwendig sind, jedoch allein nicht mehr ausreichten, um in dem zunehmenden Wettbewerb mehr, schneller und gezielt planbar anspruchsvolle Erfindungen und Patente zu generieren.

Ausgehend von der Notwendigkeit und den in dieser Zeit national und international gewonnenen Erkenntnissen und Erfahrungen wurde 1979 von „Pionieren" ein Konzept für Erfinderschulen, vor allem für Mitarbeiter aus dem F/E-Bereich, aus jugendlichen Forscherkollektiven und für andere kreative Personen und Teams, erarbeitet und in den Folgejahren umgesetzt. In dieses Konzept gingen durch ehemalige Mitarbeiter und Partner der Abteilung Heuristik in bedeutendem Maße auch Erkenntnisse und Erfahrungen der Systematischen Heuristik ein [21].

Die Entstehung und Entwicklung der Erfinderschulen kann in drei Phasen gegliedert werden:

- Gründungs- und Konzipierungs-Phase 1979/1980,
- Entwicklungs-Phase in der DDR,
- Fortsetzungs-Phase ab 1990 im wiedervereinigten Deutschland.

Die Gründung der Erfinderschulen wurde auf Initiative von Dipl.-Ing. Michael Herrlich und Dipl.-oec. Ing. Gerhard Zadek durch den Patentamtpräsidenten der DDR, Prof. Dr. Hemmerling und den Präsidenten der Kammer der Technik (KDT), Prof. Dr. Schubert eingeleitet. Es wurde der Auftrag erteilt, Erfinderschulen mit der oben benannten Zielsetzung, begleitet durch die organisatorisch-materiellen Möglichkeiten der KDT[5], inhaltlich und organisatorisch vorzubereiten und durchzuführen. Für die Gründerleistung erhielt ein kleines Gründerteam die hohe staatliche Auszeichnung „Banner der Arbeit 1. Klasse", eine sehr bedeutende Wertschätzung in der DDR für die Kreativitätsförderung.

Das Konzept, den Inhalt, sowie die Gestaltung und Grundsätze für das Anwendungstraining der Erprobungskurse entwickelten entsprechend dem KDT-Auftrag der Verdiente Erfinder des Volkes Michael Herrlich und Peter Koch. Die ersten Erfinderseminare wurden mit ca. 20 Teilnehmern von mehreren mit kreativen Problemlösungstechniken erfahrenen Ingenieuren und Erfindern mit sehr guten Ergebnissen durchgeführt.

---

[5]KDT steht für *Kammer der Technik* der DDR.

In das Konzept gingen z.B. maßgeblich ein

- Ergebnisse und Erfahrungen aus der Systematischen Heuristik, auch nach ihrer Weiterentwicklung an Hochschulen,
- Ergebnisse der Konstruktionstechnik, besonders auch die Theorie zu technischen Systemen,
- Ergebnisse aus der Arbeitsgemeinschaft „Rationalisierung der geistigen Arbeit und Methodik des Erfindens" der KDT und des Fachausschusses „Konstruktion" der KDT,
- Analysen von Erfindungsprozessen verdienter Erfinder der DDR.

Der Input aus der SH nutzte besonders

- die Grundlagen und Regeln zur methodisch-systemwissenschaftlichen Denk- und Arbeitsweise,
- den kybernetisch orientierten Teil der *Systemwissenschaftlichen Arbeitsweise*,
- die methodischen Grundlagen zum Präzisieren von Aufgabenstellungen,
- die Methoden zum Analysieren, für die Lösungsfindung, die Lösungsfeldeinschränkung und die Bewertung von Varianten.

Ganz besonders bedeutend für den Erfolg der Erfinderschulen waren allerdings die reichhaltigen Erfahrungen, die durch die Problemlösungsworkshops der SH in der F/E-Praxis und der Industrie gewonnen worden waren. Diese Erfahrungen wurden in der Folgezeit bis 1980 u.a. durch ehemalige Abteilungsangehörige und Absolventen von Heuristik-Weiterbildungsveranstaltungen in der F/E-Praxis und Hochschultätigkeit weiter genutzt und ausgebaut. Sie wurden mit neuen Erkenntnissen, bezogen z.B. auf die Aufgabenklasse „Produkt- und Verfahrensentwicklung", spezifiziert, weiterentwickelt und bzgl. der Theorie zu technischen Systeme erweitert.

In der Entwicklungsphase bis 1990 wurden nach den erfolgreichen Erprobungsseminaren in allen Bezirken der DDR sogenannte KDT-Bezirkserfinderschulen gebildet und damit Breitenwirksamkeit erreicht. So z.B. sehr zeitig im Bezirk Berlin durch Rainer Thiel und Hans-Jochen Rindfleisch, unterstützt durch den VEB Berliner Werkzeugmaschinenbau Marzahn.

Das Konzept und der Inhalt mit dem Methodenangebot wurden in den Folgejahren schrittweise bis 1990 weiterentwickelt. Es wurden Vorbereitungsmaterialien, Broschüren, Lehrbriefe, Fachbeiträge besonders von Verdienten Erfindern erarbeitet.

- So z.B. veröffentlichte ein Autorenkollektiv unter der Leitung von *Michael Herrlich* und *Gerhard Zadeck* 1982 ein erstes Erfinderschul-Lehrmaterial [20].
- *Hans-Jochen Rindfleisch* entwickelte in den Jahren 1982 bis 1988 unter Mitwirkung von *Rainer Thiel* „Erfindungsmethodischen Grundlagen", die, ausgehend vom Altschullerschen Widerspruchsgedanken, zu einem *Programm zum Herausarbeiten von Erfindungsaufgaben und Lösungsansätzen* (ProHEAL) verdichtet und in zwei Lehrbriefen [54] als KDT-Lehrmaterial publiziert wurden.
- *Dietmar Zobel* veröffentlichte eine erste Systematisierung seiner Erfahrungen mit Innovationen im betrieblichen Kontext und Erfinderschulen 1984/1988 in seinem Buch *Erfinderfibel. Systematisches Erfinden für Praktiker* [68], das noch 1987 in der DDR als *Erfinderpraxis* [69] fortgeschrieben und nach 1990 in weiteren Publikationen vertieft wurde. Dietmar Zobel vermittelt, wie Widersprüche herausgearbeitet und, gestützt auf 35 generierende Lösungsprinzipien (nach Altschuller), gelöst werden können, um damit neuartige Lösungen mit großer Erfindungshöhe gezielt zu gewinnen.

Für die Weiterentwicklung der Erfinderschulen sind zwei Aspekte hervorzuheben. Es wurden je Lehrgang zwei Seminarwochen geplant und für die Teilnehmer Selbstarbeitsphasen im Unternehmen vor und zwischen den Seminaren vorgesehen. Inhaltlich war vor allem die Aufnahme der Erfindungsmethodik zur Generierung von Widerspruchslösungen von G.S. Altschuller und ihre Weiterentwicklung ein wesentlicher Qualitätssprung. Das dokumentierten 1984/1986 Hans-Jochen Rindfleisch und Rainer Thiel mit der Veröffentlichung des *Programms zur Herausarbeitung von Erfindungsaufgaben und Lösungsansätzen in der Technik* (ProHEAL) [53], [54].

Die Erfinderschulen hatten als wichtige und breite Form der Qualifizierung bezüglich Erfindungswesen und Förderung des Schöpfertum in Wissenschaft und Technik nach der Zeit der SH staatliche Unterstützung erreicht.

Darüber hinaus führten ehemalige Angehörige der Abteilung Heuristik oder Absolventen von Heuristik-Weiterbildungsveranstaltungen (Multiplikatoren) in den 1970er und 1980er Jahren solche KDT- oder Betriebslehrgänge meist auf Honorarbasis analog der Erfinderschulen oder als solche zahlreich durch. Dabei wurde nicht direkt zur SH weitergebildet, sondern ihre Erkenntnisse, geeignete Programme wie A2, die systemwissenschaftliche Arbeitsweise u.a.m. zur Förderung der jeweiligen Thematik, also der Erfindertätigkeit, genutzt. Dabei verschmolzen viele der SH-Elemente mit den neuen Erfahrungen zur Förderung der Erfindertätigkeit.

Zu Erfinderschulen vgl. auch verschiedene Beiträge in [62].


## Nutzung der SH über die Erfinderschulen hinaus

In ihren hauptamtlichen Arbeitsprozessen haben die SH-Multiplikatoren, die Erkenntnisse der SH auch weiter angewendet. Dafür zwei Beispiele:

Ein ehemaliger Mitarbeiter der Abteilung Heuristik schätzt das so ein:

*... kehrte ich in meinen Betrieb zurück und wurde als Direktor für Wissenschaft und Technik ... eingesetzt. Als Verantwortlicher auch für F/E konnte ich die gewonnenen Erfahrungen insb. mit A2, der Funktions- und Schwachstellenanalyse, der Funktionsflussbetrachtungen, Strukturbeschreibungsmittel und Bewertungsverfahren nutzbringend einsetzen.*

*Das traf auch auf meine weitere Tätigkeit als Betriebsdirektor eines Ingenieurbetriebes für Rationalisierung mit ca. 700 Beschäftigten zu ... und später auch als Generaldirektor eines Kombinates ... und auf meine Mitwirkung im Projektmanagement (in einem anderen Kombinat).* (Prof. Dr. Dieter Hofmann, persönliche Mitteilung)

Ein anderer ehemaliger Mitarbeiter hat für die Nutzung im Netz ein A2-Programm bereits in den 1990er Jahren geschrieben, was einfach in die Thematik der „Präzisierung von Aufgabenstellungen mit A2" einführt und dessen Nutzung per Computer ermöglicht. Siehe hierzu die Videos „Workshop 1–4" zur Aufgabenpräzisierung mit A2 im Youtube-Kanal von Kurt-Peter Hofmann[6].

## 4.3 Konstruktionswissenschaft/MAKON

Beitrag von Peter Koch

Die *Konstruktionswissenschaft* (KOWI), in der Praxis auch als *Konstruktionstechnik* etabliert, ist eine metasprachliche Querschnittdisziplin mit einem eigenen Begriffssystem. Sie hat für die effektive und schöpferische Tätigkeit von Produktentwicklern eine große Bedeutung.

---

[6]`https://www.youtube.com/channel/UCmDlcqD1OeevgBOFWblF1PQ`

Der Gegenstand, die Zielsetzung sowie die Darstellung der KOWI sind – nach [62], Beitrag *Entwicklung der Konstruktionswissenschaften von 1950 bis 1990* –

- einerseits durch die Orientierung auf die Aufgabenklasse Produktentwicklung, die in der SH als „Entwurf technischer Systeme" in den Speicherspalte E und F eingeordnet ist, verbunden.
  In ihrer Darstellung und mit ihrem Begriffssystem ist die KOWI allerdings konkreter als die Systematische Heuristik und die bekannten Methodenkonzepte zur Kreativitätsförderung. Sie nutzt neben dem methodischen Aspekt auch den sehr wichtigen und produktiven Aspekt zur Theorie technischer Systeme.
- Andererseits überdecken sich der Gegenstand, die Zielsetzungen und der Inhalt in wesentlichen Punkten.
  Die KOWI erfasst jedoch noch nicht hinreichend die methodisch bewusste Nutzung der Methoden zur Aufgabenfindung und -präzisierung, zur Defektermittlung und zur radikalen Widerspruchslösung.

Die KOWI war Ende der 1960er Jahre für die Entwicklung der SH durch Johannes Müller, auch durch seine eigenen Arbeiten zur KOWI, eine maßgebliche Quelle. In dieser Zeit gelang es, durch eine fruchtbare Zusammenarbeit zwischen Johannes Müller, der Ilmenauer Schule um Friedrich Hansen und dem für das Forschungszentrum von Carl Zeiss Jena unter Leitung von Friedrich Hansen arbeitenden Team im Forschungsprojekt MAKON sowohl die KOWI wirksam weiterzuentwickeln, als auch wertvolle Ergebnisse für die Entwicklung der SH zu liefern.

Wichtige Bestandteile dieser Arbeitsphase waren vor allem

- ein allgemeines Modell für den Konstruktionsprozess mit der Darstellung der Gesetzmäßigkeiten und klarer Begriffe,

- eine handhabbare Methodendarstellung für die Analyse, Lösungs-findung, die Fehlerkritik und das Bewerten von Lösungen mit Anwendungsregeln,
- der Aufbau von Wissensspeichern für den Konstrukteur, auch mit der Orientierung auf die rechnerunterstützte Konstruktion.

Diese Ergebnisse gingen in das Konzept der SH ein. Johannes Müller ist jedoch als Philosoph bei der Entwicklung der SH weit über den Rahmen der KOWI hinausgegangen, indem er fachübergreifend die effektive, schöpferische Denk- und Arbeitsweise für den Problemlösungsprozess in der F/E, das innovative Finden und Präzisieren von Aufgabenstellungen, das Bilden von Begriffssystemen, Modellen, Gesetzesaussagen, die Verfahrensentwicklung und die Nutzung der systemwissenschaftlichen Arbeitsweise weiterentwickelte, als ganzheitliches System gestaltete und mit einer völlig neuen Art und Weise in der Praxis zur Anwendung brachte. Die methodischen Grundgedanken, passenden Bestandteile und Erfahrungen der SH befruchteten die Aus- und Weiterbildung von Konstrukteuren an den Hochschulen im Rahmen der Konstruktionstechnik, z.B. sichtbar in den Lehrbriefen zur Konstruktionstechnik von Günter Höhne [26] und für die Aus- und Fortbildung von Konstrukteuren von Peter Koch [31].

In den 1970er und 1980er Jahren beeinflussten das Gedankengut der SH und die Erfahrungen der SH u.a. die Weiterentwicklung der Konstruktionswissenschaft/Konstruktionstechnik, vor allem durch die maßgebliche Mitwirkung von Mitarbeitern und Kennern der Karl-Marx-Städter Heuristik-Schule, so z.B. durch Teamarbeit im „Fachausschuss Konstruktion" des Fachverbandes Maschinenbau der Kammer der Technik der DDR und im Institut für Leichtbau und ökonomische Verwendung von Werkstoffen, Bereich Konstruktionsforschung, sowie an vielen Technischen Hochschulen. Im Resultat dieser Arbeiten entstanden umfangreiche Dokumentationen und Dissertationen, z.B. 1978 die „Grundstruktur eines allgemeinen Konstruktionsverfahrens" [30], davor eine „Methodische Anleitung für Konstrukteure und Technologen" [31] und 1988 die "Methodischen Grundlagen zur Entwicklung erfinderischer Aufgabenstellungen durch Nutzung der Widerspruchsanalyse" [32].

Johannes Müller arbeitete national und international im Themenfeld Konstruktionswissenschaft bis in die 1990er Jahre. Seine sehr reichhaltigen Erkenntnisse und Erfahrungen zum nationalen und internationalen Stand der KOWI sowie die offenen Fragen zur KOWI fasste er in einer umfassenden Publikation [47] kritisch-schöpferisch zusammen.

Im Rückblick wird erkennbar: Die KOWI hat für die Entwicklung der SH bedeutende Impulse gegeben und die SH hat mit ihren Erkenntnissen, Ergebnissen und Erfahrungen zur Weiterentwicklung der KOWI wirksam und nachhaltig beigetragen.

## 4.4 Anwendung der SH durch ehemalige Mitarbeiter der Abteilung in anderen Bereichen

Drei eigenständige Weiterentwicklungen in anderen Bereichen sollen hier kurz vorgestellt werden. Sie fußen auf Arbeiten in der Abteilung Heuristik und wurden von ehemaligen Mitarbeitern mit analogen Prinzipien entwickelt.

### Design-Methodik

Prof. Rolf Frick, ein ehemaliger Mitarbeiter der Abteilung Heuristik, entwickelte nach seiner Berufung an die Hochschule für industrielle Formgestaltung Halle/Saale (Burg Giebichenstein) als ordentlicher Professor für Designmethodik, ausgehend von den Erkenntnissen und Erfahrungen der SH in seiner Habilitation „Integration der industriellen Formgestaltung" eine moderne Designmethodik [14]. Er lehrte nach diesem Konzept in Halle von 1982 bis 1989. Die Designmethodik förderte bei der Formgestaltung die Berücksichtigung der Einheit von Form, Werkstoff, Funktion, Herstellung und Recycling in einer neuen Qualität.

Mit der Anwendung der Designmethodik wurde sichtbar, dass der methodische Ansatz der SH bei entsprechender Weiterentwicklung und Anpassung auch in anderen Fachgebieten erfolgreich nutzbar ist. Zu dieser Thematik „Designmethodik" gab Rolf Frick das Buch [15] heraus. Es enthält u.a. einen Methodenkatalog mit sechs Methodenklassen für Designer.

*Der Methodenvorrat des Designers ist – soweit er sich auf gedankliche Verfahren in schöpferischen Prozessen bezieht – über bestimmte Phasen seines Entwicklungsprozesses hinweg mit dem des Technikers identisch, und bezogen auf andere Phasen stark unterschiedlich bzw. fachspezifisch ausgeprägt. Ersteres gilt vor allem für Aufgabenaufbereitung, Informationsbeschaffung, Objektanalyse und zum Teil für Bewertungsmethoden; letzteres gilt vor allem für die Anwendung von Kreativitätsmethoden beim Suchen nach Lösungsvarianten. [15]*

## Programmbibliothek heuristischer Programme für Leiter und Organisatoren der Forschung und Entwicklung.

Die erste Fassung [56] wurde noch 1971 herausgegeben. In der industriellen Praxis genutzte Weiterentwicklungen liegen ebenfalls vor [58], [59]. Sie lehnen sich in vielem an die Programmbibliothek der SH an. So wird das Oberprogramm der SH genutzt und für die Analysephase sowie die Ermittlung der Handlungsfolgen zwei Stabskarten, wie sie in modernisierter Form auch in [61, S. 76 und S. 183] zu finden sind.

In einer Matrix werden die aus umfangreichen praktischen Analysen in realen Prozessen der F/E ermittelten Programme zusammengefasst und zum Abruf mit dem Oberprogramm bzw. der Stabskarte hierarchisch geordnet. Die Matrix ordnet 25 Programme, weitere dienen der Vorbereitung und der Erarbeitung von Routineprogrammen. Siehe auch Bild 2.5.

| Ermitteln **U** | Konzipieren **V** | Einwirken **W** | Realisieren **X** | Vergleichen **Z** |
|---|---|---|---|---|
| Analysieren, Aufgabenstellungen zerlegen **U1** | Ziel- und Aufgabenstellungen bestimmen **V1** | Aufträge erteilen **W1** | Arbeitskräfte einsetzen **X1** | Kontrollieren (verteidigen) **Z1** |
| Einflußfaktoren und Trends bestimmen **U2** | Organisationslösungen entwerfen **V2** | Stimulieren **W2** | Kooperieren, Koordinieren **X2** | Bilanzieren **Z2** |
| Beobachten (experimentieren) **U3** | Arbeitskräfte- und Arbeitsmittelbedarf bestimmen **V3** | Qualifizieren **W3** | sich informieren **X3** | Bewerten **Z3** |
| Benennen, präzisieren, klassifizieren von Begriffen **U4** | Arbeitsprozesse gestalten **V4** | Anleiten **W4** | Bericht erstatten, informieren **X4** | |

**Bild 2.5:** Übersicht über die Speicherplätze der Bibliothek heuristischer Programme für Leiter und Organisatoren der F/E aus [58, S. 63]

## F/E-Controlling

Hans-Dieter Eilhauer stellt in [13] Erfahrungen und methodischen Erkenntnisse der SH bei Einbindung ökonomischer und betriebswirtschaftlicher Fragestellungen als Grundlage eines effektiven F/E-Managements dar. Ausgehend davon, dass den Forschern die methodische Vorgehensweise orientierend vorgegeben wird, wie sie grundsätzlich an ein Problem herangehen können, kann auch kontrolliert werden, ob sie dies auch getan haben. Dieses Buch wurde auch als Lehrmaterial in Weiterbildungslehrgängen genutzt, siehe [21], [22].

## 4.5 ctc-Kreativitätstrainingsseminar und -Schriftenreihe des Trainingszentrum für wissenschaftlich-technische Kreativität „ctc" der Bauakademie der DDR Berlin

Beitrag von Peter Koch

Das national und international orientierte Trainingszentrum für wissenschaftlich-technische Kreativität (ctc – creativity training center) wurde Anfang der 1980er Jahre getragen durch die Bauakademie der DDR in Berlin und den VEB Carl Zeiss Jena, aber initiiert, inhaltlich konzipiert und gegründet von Prof. Dr.-phil. habil. Volker Heyse, Dipl.-Päd. Jürgen Bausdorf und Prof. Dr.-Ing. habil. Peter Koch, dem wissenschaftlichen Leiter zur naturwissenschaftlich-technischen Kreativität als ehemaliger Mitarbeiter der Abteilung Heuristik. Im Gründungsprozess mit seinen ersten Pilotkursen wirkten weitere erfahrene Problemlöser, Methodiker, Psychologen und ehemalige Heuristiker mit.

Das Trainingskonzept und Programm umfasste Erkenntnisse und Erfahrungen

- der Wissenschaftspsychologie, Methodologie und Philosophie,
- der Systematischen Heuristik, insbesondere die Grundsätze zur methodisch-systematischen Denk- und Arbeitsweise, die Methoden zu den Aufgabenklassen „Aufgabenfindung und -präzisierung", „Lösungsfindung und Bewertung", die Systemtechnik

und ganz besonders Erfahrungen aus den methodisch geführten Problemlösungsprozessen in der F/E-Praxis als Fundus für das moderne Training,

- der angewandten Konstruktionswissenschaft (Konstruktionstechnik), insbesondere die auf technische Gebilde und Verfahren bezogene moderne Theorie technischer Systeme,
- von Altschullers TRIZ und der Erfinderschulen.

**Bild 2.6:** Training bei ctc im Bauhaus Dessau

Dieses Konzept zum „Intensiv-Kreativitätstraining" war ein generell neuer bzw. erweiterter Ansatz im Vergleich zu den bis dahin praktizierten Seminaren und Trainingsarten. Es realisierte durchgängig die Einheit von Fachwissen, Methode, Systemtechnik und Psychologie/Psychophylaxe im Bearbeiter-Team des zu vollziehenden kreativen Problemlösungsprozess. So wurden im Training die Komponenten „wissenschaftlich-technische Kreativität" und „soziale Kreativität" ganzheitlich und miteinander verknüpft umgesetzt. Diese Komponenten wurden im Training stets durch je einen Fach-Trainer oder eine Trainergruppe begleitet. Das Intensivtraining wurde durch ein modernes, medizinisch orientiertes Konzept zur Steigerung der Leistungsfähigkeit und des Wohlbefindens begleitet.

Das Bild 2.6 zeigt einen Blick in die Atmosphäre des Trainings im Bauhaus Dessau. Mit diesem Konzept trainierten erfolgreiche, innovative Ingenieure und Wissenschaftler im Rahmen der Weiterbildung kreatives, schöpferisches Arbeiten im interdisziplinär zusammengesetzten Team, verteilt über mehrere Wochen, anhand ihrer konkreten F/E-Aufgabenstellungen aus ihrer Praxis für die Praxis.

Die Komponente „wissenschaftlich-technische Kreativität" bildete den Kern des Trainings.

Gegenstand des wissenschaftlich-technischen Kreativitätstrainings waren die Wissensvermittlung und ganz besonders das Anwendungstraining zu und mit

- den Gesetzmäßigkeiten des Problemlösungsprozesses und technischer Systeme,
- den Methoden und Kreativitätstechniken für die Problemerkennung und die Klärung der zu lösenden Widersprüche, die zur Gewinnung der Lösung überwunden werden müssen,
- den Methoden zum Präzisieren der Aufgabenstellung, zur Definition des Problemkerns und Ableitung der Suchfrage für die Lösungsfindung,
- der Entwicklung des methodischen Vorgehens und des Arbeitsplans im Problemlösungsprozess,
- den Methoden für die kreative Lösungsfindung zum Generieren von neuartigen, originellen Lösungen mit hohem erfinderischen Niveau,

- kreativitätsfördernden Arbeitsmitteln und Informationen, z.B. den Altschuller-Prinzipien, einem System für naturwissenschaftliche Effekte und Prinzipien, inspirierende Lösungskataloge,
- den Methoden zur kritischen Analyse und Bewertung zum Erkennen der besten Lösung.

Zur Vermittlung des Grundwissens und zur Trainingsbegleitung wurde eine 18-teilige Lehrbriefreihe *Grundlagen des wissenschaftlich-technischen Schöpfertums in F/E* [22] erarbeitet, in der die kreative methodisch-systematische Denk- und Arbeitsweise den Kern für das Intensivtraining bildeten. Das wird auch in Folgeveröffentlichungen sichtbar, z.B. im Vorbereitungsmaterial für internationale Spezialkurse *Kreative Bearbeitung technisch-naturwissenschaftlicher Probleme in interdisziplinären Gruppen* vom Autorenkollektiv Heyse (Leiter), Bausdorf, Busch, Koch, Rindfleisch [23]. Aus diesen Unterlagen ist durch die gewonnene Kurzfassung u.a. erkennbar, welche Spuren die Systematische Heuristik hinterlassen hat und wie sich Grundgedanken der SH weiterentwickelt haben.

Durch dieses nationale und internationale Intensivtraining wurden sehr gute kreative Ergebnisse und eine bemerkenswerte Nachhaltigkeit zur Anwendungsfähigkeit einer kreativen, methodisch-systematischen Arbeitsweise bei den Teilnehmern erreicht. Mit Schließung der Bauakademie der DDR nach der Wende und durch neue Aufgaben der Pioniere des Projektes erfolgte leider keine Weiterführung, Weiterentwicklung und Auswertung.

## ctc – ein komplexes Weiterbildungstraining für problemlösende Kreativität

Das Konzept wird im Weiteren nach dem Text von Volker Heyse in [24] ausführlich vorgestellt. Dieses Trainingsystem war ein neuer

Ansatz, der eine deutlich höhere Qualität der Vermittlung von Kreativitätstechniken ermöglichte. So waren dort die Widerspruchsthematik auf gutem Niveau und die Altschuller-Prinzipien mit wissenschaftlich fundierten naturwissenschaftlichen Effekten und Prinzipien weiterführend bzw. weiterreichend eingebracht und wurden möglichst ganzheitlich bezogen auf die Persönlichkeit der Teilnehmer vermittelt.

Zu den national und international erfolgreichen Kreativitätstrainingskursen der Bauakademie der DDR im Zeitraum 1982–89 und dem damaligen /ctc/ (Creativity Training Center) bei der Bauakademie sind wichtig,

A. Kenntnisnahme des gesellschaftlichen Umfeldes, in dem diese Trainings ermöglicht wurden, und Nachvollziehen der Erfolgsgeschichte der Kreativitätskurse der Bauakademie,
B. konkrete Darstellung des Trainingskonzeptes und der Anwendung sowie
C. Ausweitung des Konzepts für internationale Nutzer.

**Zu A:** Im Jahre 1984 erfolgte vor der Akademie der Wissenschaften der DDR ein Bericht zur nötigen Entwicklung der Kreativitätsförderung und der dazu praktizierten Trainings von 1982 bis 1984. Interessant daran ist auch, dass er heute noch – begrifflich aktualisiert –- vielfach aktuell, „modern" zu sein scheint. Das Thema lautete: „Ziele und Inhalt des zweijährigen Kreativitätstrainings für junge Wissenschaftler der Bauakademie der DDR und des Kombinates VEB Carl Zeiss Jena".

Die Teilnehmer werden, um die Suche nach neuen wissenschaftlich-technischen Lösungen effektiver zu gestalten, mit einer Vielzahl von Prinzipien und Methoden des geistigen Arbeitens und Problemlösens auf hohem Niveau vertraut gemacht. Hierbei liegt die

Orientierung nicht auf technischen Optimierungslösungen, sondern auf technischen Prinzip- und Widerspruchslösungen. Dieser Teil erfolgt immanent mit der Schulung ihrer „sozialen Kreativität", der Fähigkeit, kreative Ergebnisse durch innovente soziale Verhaltensformen um- und durchzusetzen sowie die sozialen Beziehungen im Sinne einer Weiterentwicklung maßgeblich zu beeinflussen und zu verändern. ...

Die speziell für diese Trainingskurse entwickelte Lehrbriefreihe, die in 18 Lehrbriefen den Wissensstand der Jahre 1982/83 von insgesamt 31 bekannten Wissenschaftlern und Erfindern der DDR und der ČSSR abbildet, umfasst wesentliche Aspekte der Problemlösungsprozesse in Forschung und Entwicklung, zum Beispiel psychologisch-methodische, methodologische und fachlich-methodische Aspekte in logischer Erkenntnisfolge und Praktikabilität, einschließlich der frühzeitigen Erarbeitung von Sicherheitskonzepten und der aktiven Schutzrechtstätigkeit.

Die Erfahrungen berechtigen zu der Schlussfolgerung, dass mit dem Kreativitätstraining ein notwendiger, der Forschungseffektivität dienender Schritt bei der Entwicklung von Kreativitätskursen begonnen wurde, insbesondere unter dem Aspekt der Verbindung determinierter, klassischer „Erziehung und Bildung" mit dem stochastischen Prozess direkter Problemlösung. Die umfangreiche breitbandige Methodenkenntnis sowie die erlebte Homogenität der Gruppen bei der kollektiven Problembearbeitung wirken sich positiv auf die Motivation und die Arbeitsweise junger Wissenschaftler – auch über das Training hinaus – aus.


**Zu B:**  Selbstständiges, eigenverantwortliches systematisches Herausarbeiten und kreatives Lösen von Schlüsselproblemen in Wissenschaft und Technik als Voraussetzung für die Sicherung der Wettbewerbsfähigkeit – unter diesen Gesichtspunkten verlief das Training sehr praxisorientiert und an komplexen Aufgaben ausgerichtet, deren Lösung sowohl den Trainingsteilnehmern als auch den Kreativitätsmethoden-Trainern zu Beginn des Trainings noch unbekannt waren. Die erfolgreiche Begleitung der Trainer bis zu kreativen Lösungen bewies auch die wissenschaftliche Basis dieser Methoden sowie ihre Praktikabilität und ihre Erlernbarkeit. Hier lag der eigentliche Wert dieses Kreativitätstrainings, das in dieser Form international einmalig war.

In den Intensivphasen wurde modellhaft ein Forschungsprozess von allen erlebt und durchlaufen, der mit all seinen Leistungsanforderungen, seinen Enttäuschungen, Erfolgen, Misserfolgen dem Arbeitsalltag nahe kam und ähnliche Verhaltensweisen wie dort auslöste. Sie wurden reflektiert und mit dem Alltag in den Herkunftsorganisationen verglichen.

Während die Gruppe der Fachtrainer beim systematischen Finden von Lösungsansätzen oder gar schon von Lösungen unterstützte, half die Gruppe von Psychologen mit Organisationserfahrungen beim Erkennen und Objektivieren möglicher sozialer Konfliktsituationen und analysierte den Entwicklungsverlauf sowie das Problemlösungsverhalten der einzelnen Teilnehmer sowie der Gruppen und gab differenzierte Rückmeldungen.

Die kontinuierliche Auswertung solcher Beobachtungen unter Einbeziehung der Videotechnik verdeutlichte den Teilnehmern wichtige Gesetzmäßigkeiten der Gruppenentwicklung – quasi am eigenen materiell fixierten Verhalten – und trug zur Verbesserung der Selbsterkenntnis, des Überdenkens eigener bisheriger Sichtweisen und des Erkennens der Partner bei. Letzteres half auch, sozial hemmende Faktoren durchschaubar und damit überwindbar werden zu lassen.

So erfolgte auch bereits vor Beginn des Kreativitätstrainings ein sozial-psychologisches Vortraining. . . . .

Da die Leistungsmotivation in Einheit mit konkreter fachlicher Tätigkeit erhöht werden sollte, waren die Ziele der eigenständigen Problembearbeitung von „Trainingsaufgaben", die aus den Forschungsbereichen der Bauakademie bzw. von Carl Zeiss Jena ausgewählt wurden, für die kleinen, 6-8 Teilnehmer umfassenden interdisziplinär zusammengesetzten Trainingsgruppen sehr hoch gesteckt. So waren beispielsweise alle Gruppen bemüht, ihre Aufgaben bzw. Teilaufgaben auf erfinderischem Niveau zu lösen.

Die Zwischen- und Abschlussergebnisse der realen Problembearbeitung in den Trainings wurden vor Instituts-, Bereichsdirektoren bzw. den Hauptabteilungsleitern präsentiert. . . .

Ab 1984 wurde das Kreativitätstraining von großen Unternehmen mit eigener F/E auch als zweiwöchige Intensivtrainings im historischen Bauhaus Dessau, dem heutigen Weltkulturerbe, überaus rege nachgefragt. Obwohl der Teilnehmerpreis sehr hoch war, überzeugten die wissenschaftlich-technischen Ergebnisse und die der individuellen (personalen) Entwicklung jedoch die Kunden.

**Zu C:** Auf der Grundlage der umfassenden Erfahrungen wurde mit diesen Angeboten auch ins Ausland gegangen. Das Programm solcher 14-tägiger /ctc/-Intensivtrainingskurse beinhaltete weiterhin die bewährten drei Trainingskomplexe in einer untrennbaren Einheit vor Ort:

1. Methodik zur systematischen Ableitung, Präzisierung und kreativen Lösung wissenschaftlich-technischer Aufgabenstellungen,
2. Erkenntnisse, Methoden und Einzelcoaching zur Erhöhung der sozialen Kreativität und der Durch- und Umsetzungsfähigkeit,
3. Gesundheit, Belastbarkeit, Wohlbefinden.

In den Jahren 1986 bis 1988 besuchten neben einheimischen Teilnehmern rund 110 russische, tschechische, polnische, bulgarische, rumänische, kroatische und ungarische Teilnehmer die Kreativitätstrainings in gemischten Trainingsgruppen der Bauakademie.

Die charakteristischen Merkmale der internationalen /ctc/-Trainingskurse (14-tägig) waren vor allem:

- Training an realen, bislang ungelösten Problemen der Forschung und Entwicklung (insbesondere erzeugnis- und verfahrensorientiert),
- Training auf der Ebene der Prinziplösungssuche,
- Einheit von Methodenanwendung und systemwissenschaftlicher Betrachtungsweise auf verschiedenen Abstraktionsebenen der Problembearbeitung,
- Einheit von diskursiv-systematischen und intuitiven Methoden,
- Gewährleistung der Einheit von Methodologie und Methodik und Psychologie durch 2 Trainer/innen in jeder Trainingsgruppe,
- Umfassendes Prophylaxe-Programm zur Gewährleistung von körperlicher und geistiger Belastung und individuelle Betreuung durch einen Arzt und eine Physiotherapeutin,
- Konkrete Anwendungsbeispiele für computergestützte Problembearbeitungsschritte,
- Umfassendes Trainingsbegleitmaterial, mehrsprachig,
- Individuell abgestimmte Sonderprogramme und erstklassige Unterkunfts- und Versorgungsbedingungen
- Hochqualifizierte, praxiserprobte Trainer/innen und Dienstleister.

Forschungsinstitute und Firmen der Hochtechnologie aus der damaligen Sowjetunion und weiteren sechs osteuropäischen Ländern entsandten regelmäßig Spezialisten zum /ctc/-Training ... bei stetig steigender Beteiligung.

## 4.6 Begabtenseminare der TU Dresden

Seit 1985 wurde an der Fakultät Elektrotechnik eine Lehrveranstaltung zu Kreativitätstechniken mit 30 Stunden einschließlich Seminar angeboten. Es wurde mit Methoden der SH, aber auch mit Altschullers Widerspruchsthematik gearbeitet.

In ähnlicher Weise wurden an vielen technisch orientierten Fakultäten der DDR-Hochschulen den Studenten mit Vorlesungen, durch Seminare, bei der Bearbeitung ihrer Aufgabenstellungen im Ingenieurpraktikum und bei den Diplom-Arbeiten methodisch-systematische Denk- und Arbeitsweisen von ehemaligen Angehörigen der Abteilung Heuristik oder ausgebildeten Multiplikatoren (Kursteilnehmern u.a.) meist mit Training vermittelt.

Auf diesen Lehrveranstaltungen aufbauend wurden für insgesamt ca. 50 Beststudenten einschließlich Forschungsstudenten der TU Dresden fakultätsübergreifend ab 1988 Intensivlehrgänge in Internatsform zu Kreativitätstechniken durchgeführt. Dabei kamen reale Aufgabenstellungen der Studenten als Themen zur Präzisierung.

Dieses Begabtenseminar war eine Steigerungsstufe der fakultätsübergreifend ab 1985–1990 an der TU Dresden angebotenen Vorlesung mit Seminar zu „Kreativitätstechniken", die außer Methoden und Erfahrungen der SH weitere für Kreativität wichtige Aspekte vermittelte. Da es einige Inhalte einer weiter entwickelten Form der Vermittlung von Kreativitätstechniken auf Basis der SH enthält – so für eine ganzheitliche Bildung - soll es hier etwas breiter vorgestellt werden.

Das vom Rektor unterstützte und angebotene Konzept (siehe Bild 2.10: Ausschnitt des Dresdner Universitätsjournal März bzw. Jan 1991 S. 2) benennt einen Vorkurs von 22 Stunden an der Uni (12 Stunden Kreativitätstechniken, 4 Stunden Marktwirtschaftliche Erfordernisse bei USP, 6 Stunden evolutionskonformes, ganzheitliches Denken) gefolgt von einem Internats-Intensiv-Workshop extern in der Dresdner Umgebung von 44 Stunden, davon 24 Stunden Übung und Diskussionen an fachlichen Aufgabenstellungen (mit A2).

Diese Gesamtstundenanzahl teilt sich in die Gebiete ca. wie folgt: 4 Stunden „Entwicklungstendenzen", 8 Stunden „Kommunikationstechniken", 18 Stunden „Kreativitätstechniken", 6 Stunden „evolutionsgerechtes, ganzheitliches Denken" und 8 Stunden für „alternative Denkstrukturen".

**1. Ausgangspunkte**
Unabhängig von und parallel zu den entscheidenden Grundlagen der Begabtenförderung – der individuellen Eigenverantwortung jedes Studierenden für seine Leistungs- und Begabungsentwicklung an der Universität – und den gezielten Angeboten und Förderungsmaßnahmen durch die jeweiligen Hochschullehrer sowie weitere Einrichtungen (z. B. durch Stiftungen, Sommerakademien innerhalb und außerhalb der Universität) ist die Technische Universität Dresden ihrer langen Tradition der Lehre, der Forschung, hoher technischer Leistungen sowie der Entwicklung technischer Begabungen zum Nutzen der Wirtschaftstätigkeit und der Wissenschaft verpflichtet, ihren leistungsfähigsten Studierenden durch ein Angebot zur Zusatzqualifikation Anregungen zu geben, ihre Fähigkeiten und Leistungsfähigkeit zusätzlich zu entwickeln.
Die neue Entwicklung der Alma mater dresdensis macht für die Förderung auch neue Möglichkeiten real:
● echte Chancengleichwertigkeit
● keine Delegierung, sondern Bewerbung
● kein „Erlassen" des für alle verbindlichen Pflichtteils Studium, sondern fordernde Zusatzqualifizierung
● volle Freiwilligkeit
● keine „Umsonst"-Maßnahme, sondern „kostenbedingter" Druck auf die Effizienz.
Das Angebot ist so angelegt, daß es ein Zusatzpensum nach eigener Wahl des Studenten realisiert und er seine über-

## Universitäres Angebot 1991

### an besonders leistungsfähige Studenten und Promovenden zur chancengleichwertigen Begabtenförderung durch Forderung/ – cand.- und Graduiertenkolleg 1991

durchschnittliche Leistungsfähigkeit zur Wahrung seiner Studienaufgaben nutzen muß und kann. Das Angebot lehnt sich – bei Erweiterung des Kreises auf die Studierenden der oberen Jahrgänge – an das Projekt eines „Graduiertenkollegs" an und umfaßt das Sommer- und für einen kleineren Kreis das Wintersemester 1991 (Abschluß Februar 1992).
In das Angebot wird eine erneute Ausschreibung der Hans-Sauer-Stiftung Deisenhofen integriert. Im Dezember 1990 konnten vier Studierende der TU Dresden für ihre Auseinandersetzung mit evolutionskonformem Denken und der Anwendung kybernetischer Kreativität in ihrer fachlichen Arbeit – widergespiegelt in einer parallelen Ausschreibungsarbeit zur Diplom-, Beleg- bzw. Promotionsarbeit – hohe Anerkennung und Preise von mehreren Tausend DM entgegennehmen.
Das Sommersemester 1991 dient zugleich der Vorbereitung und Auswahl der Bewerber für die Ausschreibung.
**2. Konzept der universitären chancengleichwertigen Begabtenförderung in der Art eines „cand.- und Graduiertenkollegs" 1991**
**2.1. Zielstellung**
Zielstellung ist eine Zusatzqualifikation, die auf fundierten Fachkenntnissen der Disziplin und den Fähigkeiten ihrer Nutzung aufbaut und die Anwendungseffizienz und das Übergreifende der Ausbildung erhöhen soll. Dazu sind Gegenstände u.a.:
– ausgewählte Entwicklungstendenzen der Universität und der Wissenschaft
– Vermittlung und Training von Kreativitätstechniken
– marktwirtschaftliche Erfordernisse bei technischen Höchstleistungen
– evolutionskonformes Denken, Ingenieurethik und Effizienzsteigerung der Lösungsergebnisse
– alternative Denkarten, -strategien, z. B. der Esoterik zum Finden origineller, unikaler Lösungen u.a.
**2.2. Bestandteile 1991**
2.2.1. Zusätzliches Lehr-, Diskussions- und Trainingsangebot im laufenden Sommersemester 1991 von ca. 22 h (Kreativitätstechniken 12 h, Marktwirtschaftliche Erfordernisse bei USP (Unique selling proposition) 4 h, Evolutionskonformes, ganzheitliches Denken 6 h)
Termine:
12.4.91, 4.–6. DS
15.4.91, 4.–6. DS
17.4.91, 5.–7. DS
23.4.91, 2.+3. DS
jeweils Seminargebäude 123
2.2.2. Angebot eines Internats-intensiv-Workshop für Bewerber aus dem Kreis der Absolventen von 2.2.1. im Umfang von 44 h, davon ca. 24 h Übung und Diskussion (vom 29.4., 9 Uhr – 3.5., 16 Uhr 1991, inclusive 1. Mai) mit folgenden Schwerpunkten: Entwicklungstendenzen 2 – 4 h, Kommunikationstechniken 8 h, Kreativitätstechniken 18 h, alternative Denkstrukturen 8 h, Evolutionskonformes, ganzheitliches Denken 6 h.
Kostenbeteiligung pro Student (Verpflegung, Unterkunft, Lehrgangsmaterial) ca. 150 DM
2.2.3. Ausschreibung Hans-Sauer-Stiftung: Bewerbung – aus den Workshop-Teilnehmern – zur Ausschreibung der Hans-Sauer-Stiftung 1991 zum Evolutionskonformen Denken und zur kybernetischen Kreativität bis 10.5.1991. Die Ausschreibung wird für ca. 8 – 10 Teilnehmer den Zeitraum von Mai 1991 bis Februar 1992 umfassen, für Studenten Preise von insgesamt 25 TDM zur Verfügung stellen und mit einer Auszeichnungsveranstaltung der Universität abgeschlossen.
**3. Organisation und Bewerbung**
Für 2.2.1. – 2.2.3. sind die Bewerbungen beim Direktorat für Studienangelegenheiten der TU Dresden, Abt. Immatrikulation, Herrn Dr. Schröter, Georg-Schumann-Bau, Südflügel, Zi. 184, oder Frau Rennert, Westflügel, Zi. 382, abzugeben (für 2.2.1. bis zum 8.4.91). Mit der organisatorischen und inhaltlichen Vorbereitung und Sicherung dieses Angebots sind die Herren Prof. Dr. Lehmann und Prof. Dr. Stanke beauftragt.
**Prof. Dr. Dr. Günther Landgraf,
Rektor der TU Dresden**

**Bild 2.7:** Ausschreibung für besonders leistungsfähige Studenten in der Art eines „Graduiertenkollegs"

In den Jahren 1990 und 1991 kam durch Förderung des Erfinders
Hans Sauer, München, dem späteren Ehrendoktor der TU Dresden,
ein Preisausschreiben der HSS – Hans-Sauer-Stiftung Deisenhofen
– im Anschluss zustande, was auf diesen Ausbildungskomplex auf-
baute und mit einer extra Arbeit als Wettbewerbsbeitrag zu einem
einschlägigen Thema die Ausbildung fortsetzte.

**Bild 2.8:** Jury zum Preisausschreiben der Hans-Sauer-
Stiftung 1991/92 an der TU Dresden mit (v.r.) Prof.
Mösch, Prof. Heyse, Prorektor Prof. Lehmann, Hans
Sauer, Prof. Stanke

Eine hochrangige Jury (siehe Bild 2.8) bewerte die Ergebnisse und
das Universitätsjournal (siehe Bild 2.10) berichtet dazu, bei dem
mehrere Preise bis zum Höchstpreis von 10 000 DM ausgelobt wurden.

Im Abschlussbericht dazu wird formuliert: „Insgesamt ist es verständlich, dass Rektor, Jury, Betreuer, Preisträger und der Stifter, Herr Sauer, das 'Experiment' sehr erfolgreich einschätzen. Herr Sauer, selbst Erfinder mit bedeutendem weltweiten Markterfolg für die entscheidende Weiterentwicklung der Relaistechnik – vor 20 Jahren von dem führenden Unternehmen nicht für möglich gehalten – kann aus eigenem Erleben den schwierigen Weg zu kreativen Leistungen bestätigen, aber auch das Beflügelnde des Erfolges … "

**Bild 2.9:** Herr Sauer und der Rektor, Magnifizenz Prof. Landgraf, im Kreis der Preisträger des 2. Preisausschreibens 1992

Leider wurde auch die Fortführung dieser Variante eines anspruchsvollen Kreativitätstrainings abgebrochen; an der Universität gab es viele personelle Veränderungen bei Bezugspersonen sowie der Struktur. Der Organisator und der Konzeptentwickler hatte die Universität bereits verlassen …

Wissenschaftliche Arbeiten während des Studiums anzufertigen, ist für jeden Studenten eine normale Sache. Sich dabei fakultativ mit der Erforschung und Anwendung von Erkenntnissen der kybernetischen Kreativität zu beschäftigen – das können wohl nur besonders befähigte Studenten. Und dann mit dem wissenschaftlichen Ergebnis einen hochdotierten Preis zu gewinnen, spricht für die Qualität der Arbeit. Vier Studenten unserer Universität gelang dieses Kunststück. Sie gewannen die Preise einer gemeinsamen Ausschreibung der Hans-Sauer-Stiftung, Deisenhofen, und unserer Universität. Auf obigem Bild stellten sich Studenten und Veranstalter gemeinsam dem Fotografen. V.l.n.r.: Sven Rzepka (10 000 DM), Fakultät Informatik, Andreas Bode (6000 DM), Fakultät Maschinenwesen, Hans Sauer, Vorstandsvorsitzender der gleichnamigen Stiftung, Prof. Dr. Lehmann, Magnifizenz Prof. Dr. Dr. Landgraf, Rektor der TU Dresden, Steffen Woelk (8 000 DM) und Thomas Klein (10 000 DM), beide Fakultät Maschinenwesen. Foto: duj/Eckold

**Bild 2.10:** Bericht im Universitätsjournal der TU Dresden zu Preisträgern mit Magnifizenz und Herrn Sauer

## 4.7 Problemlösende Kreativität

Zu dieser Thematik haben sich zahlreiche Autoren in dem Webspace [62] versammelt, die auch aus der SH und anderen Bereichen kommend sich einem übergeordneten, modernen Ansatz in Weiterentwicklung der SH, der Altschuller-Theorie und anderen Ansätzen verpflichtet fühlen.

Die problemlösende Kreativität hat keinen eigenen Baukasten oder eigenes Oberprogramm oder andere methodische Vorgehensweise als Grundlage und muss sie folglich auch nicht verteidigen oder bewerben, sondern kann aus den genannten und anderen Quellen das für die Förderung der Kreativität Nötige schöpfen. In ihr sind wichtige Erfahrungen der SH aufgehoben und auf den heutigen Stand transformiert.

Auf der Startseite von [62] wird beschrieben:

*Für die von uns vorwiegend nur zur Alltagskreativität zugeordneten Methoden, die besonders auf viele Ideen setzen und dabei Masse durch Klasse ersetzen, gibt es zwar viele Bücher und kostenaufwendige Seminarangebote, meist unter dem Schlagwort „Kreativität". Aber für die nicht ganz so einfache problemlösende Kreativität gibt es einfach zu wenig Unterstützung, Anleitung, Angebote und öffentliche Aufmerksamkeit. Wir setzen hier auf eine deutlich höhere Stufe kreativer Leistungen gegenüber denen der Alltagskreativität, wenn wir zu problemlösender Kreativität informieren, und grenzen uns damit von z.B. nur auf Brainstorming und ähnlichen Ideengewinnungsvarianten zielenden Schnellschüssen ohne gründliche Analyse(-methoden) ab.*

*Wir erlauben uns hierzu Matthias Heister zu zitieren:*

*„Das Angebot einer rundum innovations-freundlichen Bildung und insbesondere die* Förderung problemlösender Kreativität *ist in*

*Deutschland ein Anliegen, das inzwischen zwar häufiger betont wird, aber unter den vorherrschenden Bedingungen nur schwer zu realisieren ist. ... Das öffentliche Bildungswesen und die Politik tun sich allerdings weiterhin schwer, der Entwicklung problemlösender Kreativität nach Umfang und Tiefe gerecht zu werden. ... (Der problemlösenden Kreativität ist) ... wenigstens öffentliche Akzeptanz zu verschaffen ... Ähnliche Erscheinungen zeigen sich im Bereich der öffentlichen Meinungsbildung ... Das öffentliche Ansehen des kreativen Problemlösers muss dringend zum Positiven verändert werden. "* [19] ...

*„Die* problemlösende Kreativität *ist eine Erscheinungsform der Kreativität, die für das Schöpfertum und den gesellschaftlichen Fortschritt in Technik, Wirtschaft und Wissenschaft und ähnlich fordernden Prozessen in anderen Bereichen maßgeblich und typisch ist. Sie ist dabei durch Problemlösung und einen dafür in der Regel nötigen Anteil außergewöhnlicher Kreativität geprägt.*

Der Begriff der *problemlösenden Kreativität* ist trotz seiner häufigen Verwendung wenig konsequent definiert. In [62] werden 10 Merkmale umfassend kommentiert und so der Begriff ausreichend deutlich abgegrenzt. Damit weist sich die problemlösende Kreativität als typische Anwendungsform der außergewöhnlichen Kreativität für Technik, Wissenschaft, Wirtschaft und analog fordernden Bereiche aus. Dabei hat der Problembegriff folgerichtig für das Verständnis der problemlösenden Kreativität eine zentrale Bedeutung, siehe [62].

[62] bietet eine Plattform, auf der sich alle an ernsthafter Kreativität Interessierten wiederfinden können. Johannes Müller verwandte den Begriff des *problemlösenden Denkens* bereits 1966 [39].

Wenn im Sinne der oben zitierten Heisterschen Forderung [19] bei problemlösender Kreativität ein gewisser Fortschritt eingetreten ist, hat sich nach mehr als 50 Jahren ein Anliegen der Systematischen Heuristik auf höherer Stufe erfüllt.

# 5. Erfahrungen

## 5.1 Effektivieren und Rationalisieren gedanklicher Arbeitsprozesse in F/E sind real machbar

Die anfänglichen Zweifel sind nicht überall ganz überwunden, Vorbehalte halten sich. Unbestreitbar ist jedoch, dass Effektivieren und Rationalisieren der gedanklichen Prozesse in Wissenschaft und Technik zwingend nötig und möglich sind. Da führt kein Weg mehr daran vorbei. Die Wegbereitung durch die SH, Erfinderschulen, Kreativitätstrainingsseminare, TRIZ, Konstruktionstechnik und andere sowie erfolgreiche Computeranwendungen lassen anderes nicht mehr zu. Dabei sind Kreativitätstechniken, die methodisch-systemwissenschaftliche Denk- und Arbeitsweise neben der Computertechnik wichtige Bestandteile. Ihre praktische Nutzung bleibt aber nach wie vor hinter den vorhandenen Möglichkeiten zurück, und in der Aus- und Fortbildung wird diesbezüglich in zu wenigen Bereichen das Mögliche und Notwendige getan.

Nachteilig für die Nutzung der Kreativitätstechniken im Rahmen einer methodisch-systemwissenschaftlichen Denk- und Arbeitsweise ist es, dass die reale Vielfalt der in der Praxis und im Internet bereitgestellten Angebote – zum Teil mit deutlich unterschiedlicher Qualität – eine klare Orientierung und Nutzung in der Praxis nicht im erforderlichen Maße fördern. Dadurch kommen sowohl höchste Anforderungen, aber auch „schwarze Schafe mit Pseudo-Effekten" – z.B. Ideengewinnungsmethoden ohne vorgängige Präzisierung der Aufgabenstellung – in die reale Anwendung. Gerade letztere schaden dann der Einstellung zu einer anspruchsvollen, aber etwas mühseligeren effektiven Methodenanwendung immens.

Das Bestreben, die TRIZ immer komplexer zu machen und immer mehr zu untersetzen, also immer mehr Vorschriften aufzunehmen, versucht wohl dem Phänomen des „Manövrieren" nachzukommen. Praktisch ist das aber kein effektiver Weg, im Gegenteil, eine quantitative Ausdehnung und Aufweitung von Vorschriften, Regeln und Programmbestandteilen macht diese Kreativitätstechnik schwerfälliger, unübersichtlicher und weniger handhabbar statt kreativer.

*Weniger kann mehr sein!* Die Konzentration auf wenige bzgl. Effektivität und Kreativität wirksame und einprägsame Methoden und Arbeitsmittel hat sich für das Generieren neuartiger, wirtschaftlich bedeutender Innovationen sehr gut bewährt.

Die kreative, methodisch-systemwissenschaftliche Denk- und Arbeitsweise soll dabei nicht nur für die kreative Lösungsfindung angewendet werden, sondern sie muss ganzheitlich in den Phasen der Problemerkennung, des Präzisierens der Aufgabenstellung, der Analyse, Abstraktion, Dekomposition und Komposition bis hin zur Einschätzung und Bewertung der Lösungen durchgängig realisiert werden. Dieses Konzept der Ganzheitlichkeit war in den zurückliegenden Jahrzehnten sehr erfolgreich, z.B. bei den Erfinderschulen, den ctc-Kreativitätstrainingseminaren u.a. Es sollte in Zukunft verbunden mit den aktuellen Erkenntnissen weiterentwickelt und nutzerfreundlich dargestellt werden sowie die notwendige Anwendung finden.

Die erfolgreiche Umsetzung dieser Erfahrung „Weniger ist mehr" und dafür die Konzentration auf das Wirksamste und die „Ganzheitlichkeit" erfordert allerdings eine methodisch ausgereifte, breit anerkannte Auswahl und gut lehr- und lernbare Darstellung der Kreativitätstechniken und ihre Eignung für ein modernes Kreativitätstraining. Eine solche Lösung wäre nötig und erfordert Teamarbeit.

Wenig bekannt ist, ob der methodische Informationsgewinn *IG-meth* – ein Ansatz der SH – aus der erfolgreichen Anwendungen von Kreativitätstechniken zur Weiterentwicklung eigener Methoden-Speicher wirklich Bedeutung erlangt hat oder nur der positive Erfahrungsschatz einer „erfolgreichen Anwendung" bleibt.

## 5.2 Kreativitätstechniken sind ein gangbarer Weg

Bei der realen Effektivierung und Rationalisierung können Kreativitätstechniken mit oder ohne Computernutzung einen bedeutenden Anteil erreichen. Sie bringen in die Arbeitsprozesse in der F/E nicht nur vorteilhafte, kreativitätsfördernde Methoden, effektivere Abläufe und effektiveres Vorgehen (Methodiken) hinein, sondern drängen auch das spontane, oft wenig begründete „Pfriemeln" zurück, was auf dem Weg zu anspruchsvollen Innovationen zu viel Zeit kostet, Umwege bedingt, den Zufall integriert und nicht ausschöpft, was bei methodisch-systemwissenschaftlichem Vorgehen bereits möglich ist.

Dazu gehört die bewusste Anwendung der Widerspruchsthematik. Die wurde allerdings in der SH trotz einer zentralen These von Hegel und Marx „Widersprüche sind die Triebkräfte der Entwicklung" explizit so nicht behandelt. Dafür wurden wesentlich komplexer der Defektbegriff und die Defektanalyse zur Ermittlung von Problemen, Schwachstellen, Hindernissen, Gegensätzen, Mängeln, Lücken und Fragen gesetzt. Diese haben aber für die außergewöhnliche Kreativität nicht die Schärfe zur Zuspitzung der Problemlage wie das herausfordernde und reizende "Widersprechen". Der komplexere Defektbegriff in dieser großen Anwendungsbreite „besänftigt" eher. Widerspruchslösung mit der Altschullerschen Orientierung auf die ideale Lösung kommen einer radikale Innovation näher.

Insofern ist mit der Synthese des Altschullerschen Gedankengutes ein nötiger Qualitätsschritt gelungen, der eine Nutzung von Kreativitätstechniken heute als Selbstverständlichkeit erwarten lässt, was sich allerdings in der F/E-Praxis real noch nicht durchgesetzt hat.

Die Erfahrungen auch der SH und anderer Methodiken lehren, dass methodische Abläufe und das Arbeiten mit Kreativitätstechniken allein noch nicht das kreative Potential auszuschöpfen und damit zu wenig für das Gewinnen von Ideen für Sprunginnovationen zu erreichen vermögen, auch wenn damit oft eine erste Mindestordnung in die Prozesse kommt. Für das Erreichen einer kreativen Höchstleistung ist nicht nur ein systematischer Ablauf nützlich und oft Voraussetzung, sondern auch die *Art und Weise des Umgangs* mit dem Wesen und den Kerngedanken der Methoden, den Vorschriften, Empfehlungen und Regeln in den Methoden.

Im Laufe der Jahre wurde immer deutlicher erkannt, wie wichtig Verstehen, Aneignen und Verinnerlichen der Grundlagen und Regeln, verbunden mit reichhaltigen Erfahrungen ihrer Anwendung, für den effektiven und kreativen Umgang und den Erfolg, für eine eigene methodisch-systemwissenschaftliche Denk- und Arbeitsweise ist. Die Verinnerlichung in diesem Sinn ermöglicht die Fähigkeit zu einer schöpferischen, flexiblen, fallspezifischen Anwendung, für ein schöpferisches „Manövrieren" in und zwischen den geeigneten Kreativitätstechniken mit deren methodischen Kerngedanken und Regeln.

Eine Verinnerlichung wird z.B. dadurch gekennzeichnet, dass der Bearbeiter das effektive Vorgehen und die kreativitätsfördernde Anwendung der Methoden weitestgehend frei von Unterlagen, aus seinem inneren Methodenschatz heraus, als methodisch-systematisches Vorgehen entfalten kann. Das gilt in Abhängigkeit von der Aufgabenstellung, der Problemstellung, des fachlichen Gegenstandes und der verfügbaren Informationen für die jeweilige Phase des Problemlösungsprozesses der konkreten Bearbeitungssituation.

Dieses „Manövrieren" während der Methodenanwendung gehört (neben dem Wissen zu den Kreativitätstechniken) ebenso zur Anwendung von Kreativitätstechniken. Ein formales Abarbeiten muss konsequent ausgeschlossen werden. Das war trotz der Darstellung der heuristischen Methoden als Programmablauf stets ein Grundprinzip der SH. Dieser Umgang mit den Methoden konnte nur *erlebt* werden. Es sind zwar im Laufe der Zeit einige Regeln dazu aufgeschrieben worden. Das war aber denkbar schwer und ist bei weitem nicht vollständig, weil dazu viele Abläufe solcher Prozesse beobachtet werden müssten und es sehr schwer zu erfassen ist, auf was zu achten ist. So kann oft selbst eine kurze Pause, ein Wegschauen, ... dem kreativen Gedanken den Weg bahnen. Das wurde leider trotz der sehr detaillierten Erfassung von Abläufen in der Konstruktionspraxis durch die ZKI-Gruppe auch nicht erfasst [47].

Die Fähigkeit zu einer solchen kreativitätsfördernden Anwendung ist aber äußerst schwer zu trainieren (viele Abläufe sind erforderlich) bzw. zu vermitteln. Das Kreativität Auslösende wird nicht bzw. unzureichend mit den Methoden dokumentiert und bewusst erfasst. Das optimale Zusammenspiel von diskursiver und intuitiver Arbeitsweise zum Finden außerordentlicher Lösungen erfordert viel eigene Erfahrungen und Kreativität bei der Methodenanwendung. Dabei zeigt sich, dass nach dem Erkennen bzw. Präzisieren des Problems, der Widersprüche oder durch das Formulieren einer für die Lösungsfindung entscheidenden kreativen Suchfrage für den geeigneten Suchraum nun zum Finden der grundlegend neuen Idee oder Lösung übergegangen werden kann. Dabei helfen das zielstrebige Anwenden der Vorgaben der methodischen Seite, das Zuspitzen der Anforderungen, das Verfremden, das „Querdenken", Analogien, Gedankenexperimente, bildhafte Vorstellungen, das Variieren, das Durchmustern der Altschuller-Prinzipien sowie der Muster für naturgesetzliche Prinzipien und Wirkpaarungen, aber auch Inspiration, Assoziation, Gedankenblitze, Eingebung, Phantasie usw. für das Generieren der neuen Ideen. Hierzu wurden auch Ansätze im Abschnitt 4.7 und dem Beitrag *Grundlagen des Problem-Bearbeitungsprozesses* [62], Punkt 5.3 und 7.2 beschrieben.

Das Finden origineller, noch nie da gewesener Lösungen für disruptive Innovationen ist ein wesentlicher Schritt im Innovationsprozess. Trotz der Bedeutung der Widerspruchslösung durch radikale Beseitigung des Widerspruchs (radikale Innovation) hat die Fähigkeit zur breiten, ganzheitliche Anwendung der Kreativitätstechniken auch für die inkrementale Innovation (schrittweise Verbesserung, die auf bestehenden Produkten, Technologien usw. aufbaut) eine wirtschaftlich bedeutende Wirkung, da rd. 80% und zum Teil mehr der Innovationen in solchen Prozessen entstehen und oft zu bedeutenden Fortschritten und Effekten führen können.

Die Fähigkeit zum effektiven, kreativen Umgang mit den Methoden und der systemwissenschaftlichen Arbeitsweise kann erfahrungsgemäß beim Fachmann und Problemlöser ausgebildet werden, indem er das Arbeiten und Trainieren der Arbeitsweise an seinem konkreten Problembearbeitungsprozesses unter Anleitung eines methodisch und fachlich kompetenten Trainers erlebt. Dieser muss die Vorgehensweise und flexible Methodenanwendung nachvollziehbar moderieren. Eine Wiederholung an weiteren Themen fördert die schrittweise Verinnerlichung. Das erlebten die Delegierten der SH und die Abteilungsangehörigen, die in den Anwenderteams mehrere solcher Problemlösungsprozesse moderierten. Sie eigneten sich dabei im Sinne der Verinnerlichung in der Regel ein Minimum an effektiven Denk-, Arbeits- und Verhaltensweisen an, um wirksam mit den effektivitäts- und kreativitätsfördernden Methoden der SH umzugehen.

Zu auffallend wertvollen Ergebnissen, Fortschritten, Ideen und Lösungen führte ganz besonders das Wechselspiel zwischen den Fachleuten des F/E-Teams und dem Moderator. Dieses Wechselspiel ist eine Effektivitäts- und Kreativitätsquelle, die heute zu wenig bewusst genutzt wird. In den Anwenderteams der SH sorgten oft zwei Teilnehmerparts für dieser Wechselspiel, die Gruppe der F/E-Unternehmensangehörigen und die Gruppe der Methodiker/Trainer und Delegierten. Bei ctc waren es zwei Trainer. Der Verhaltenstrainer griff im Arbeitsprozess in der Regel selten ein. Er konzentrierte sich im Vieraugenprizip in gezielt gesetzten Pausen auf jeden Einzelnen und im Team auf die gemeinsame Verhaltensauswertung.

Die systemwissenschaftliche Denk- und Arbeitsweise (SWAW) ist ein unverzichtbarer Bestandteil für das erfolgreiche methodische Arbeiten mit Kreativitätstechniken. Sie ermöglicht die Einheit der gedanklichen Operationen des Problemlösungs-Prozesses mit dem technischen System in Form verschiedener Zwischenergebnisse, die Gegenstand der Lösung sind, und hat universelle Bedeutung. Sie ermöglicht eine fachübergreifende Darstellung und Sprache über die Grenzen von Fachgebieten hinweg. Die SWAW oder Systemtechnik wird in den Methodiken oft zu wenig bewusst und integriert in der Denk- und Arbeitsweise genutzt. Sie ist im Gegensatz zu vielen Lösungsfindungsmethoden gut lehr- und lernbar.

Für die effektive Nutzung der Kreativitätstechniken ist noch sehr viel Arbeit zu leisten, nicht nur die Bereitstellung optimaler Abfolgen, sondern auch viel mehr an nachnutzbarer „Manövriertechnik".

## 5.3 Äußere (externe) Hilfe im F/E-Prozess ist nützlich

Eine große Wirksamkeit erlangte die methodisch-systemwissenschaftliche Denk- und Arbeitsweise im F/E-Team durch die Unterstützung eines Moderators. Das Wirken eines methodisch-fachlich kompetenten Moderators im kreativen, erfinderischen Problemlösungsprozess fördert erfahrungsgemäß einerseits sehr wesentlich die Qualität der kreativen Lösungsfindung und andererseits die Effektivität des Problemlösungsprozesses. Das gilt besonders bei der Bearbeitung komplexerer, innovativer Aufgabenstellungen im interdisziplinären Team, bei der radikale Innovationen mit bedeutender Erfindungshöhe erreicht werden sollen.

Der Moderator arbeitet als Gestalter der Projektarbeit, indem er z.B. die angemessene Vorgehensweise beeinflusst, die Erkennung des Problemkerns und der Widersprüche, kritische Fragen, die Verfremdung und Abstraktion, die Erweiterung des Blickfeldes, die Zuspitzung der zu erfüllenden Anforderungen unterstützt und ein förderliches Konfliktverhalten im Team beeinflusst.

Die Ergebnisse waren insbesondere dann überzeugend, wenn eine externe Kapazität den Methodiker stellte (SH, ctc, Erfinderschulen, TRIZ). Dafür verantwortlich scheinen die fachliche und methodische Qualifikation des Moderators zu sein, sein formales Fremdsein im Team und seine fachliche Distanz zum Thema oder Problem. So erlangt er eine gewisse Autorität für seine Anliegen, die bei einem internen Mitarbeiter, der die (nicht immer gern gesehene, weil Konsequenz verlangende) methodische Seite vertritt oder vertreten soll, nicht ebenso gegeben zu sein scheint. Die Möglichkeit, extern Erfahrungen zu sammeln und qualifiziert zu werden, scheint einen beachtlichen Einfluss auf die Qualität des Wirksamwerdens des Externen zu haben.

## 5.4 Eine zentrale Stelle mit inhaltlicher Kapazität muss die Weiterentwicklung und Kooperation begleiten.

Sowohl die SH als auch ctc und mit Abstrichen die Erfinderschulen – sie wurden formal von der KDT veranstaltet – wurden institutionell gefördert. Sie hatten Kapazitäten zur Organisation und zum Teil auch inhaltliche Kapazität für die Effektivierung und Rationalisierung gedanklicher Arbeitsprozesse in der F/E. Sie konnten also nicht nur externer Dienstleister sein, sondern auch die Weiterentwicklung des Anwendungsprozesses selbst betreiben (in der Zeit ihres Wirksamseins). Das ist zukünftig wesentlich z.B. für die im Abschnitt 5.2 benannten noch zu lösenden Weiterentwicklungen der Kreativitätstechniken und ihrer Anwendung, aber auch für andere Bezüge.

Die Thematik des kreativen Problemlösen ist so sehr im Fluss und mit noch so vielen weißen Feldern versehen, dass die in den Anwendungsteams wirksam werdenden Einzelpersonen und Moderatoren in einer „zentralen Stelle" ein Hinterland brauchen, um die gezielte Effektivierung der F/E-Prozesse, die koordinierte Anwendung z.B. der Kreativitätstechniken und deren Weiterentwicklung qualifiziert vorantreiben zu können.

Das gilt umso mehr, wenn die „zentrale Stelle" nicht nur über die Einsätze bei den Themenkollektiven entscheidet, sondern sich auch für das Schaffen besserer Rahmenbedingungen einsetzen kann. Dazu gehören z.B. das Einbringen und Fordern von mehr methodischem Wissen und Können in die Aus- und Weiterbildung.

Eine zentrale Einrichtung nur für die Administration und Vergabe der Gelder – so wichtig das auch sei – sollte die „Agentur für Sprunginnovationen" nicht sein, sondern wenigstens einen Bereich für direkte Dienstleistungen im F/E-Prozess aufweisen, also selbst, mit eigenen Kapazitäten, innovationswirksam werden können, die Thementeams methodisch, psychologisch, teambildend ... betreuen, um an den realen Problemen dranzubleiben, entscheidungsrelevante Informationen zu gewinnen und dabei eigene Erfahrungen zu sammeln.

Das Agenturteam benötigt außerdem zukünftig ein eigenes, für Sprunginnovationen geeignetes methodisches Verfahren, mit dem es die Erfolgsaussichten potentieller Sprunginnovationen der angebotenen oder gefundenen Lösungen nachvollziehbar abschätzen kann. Anregungen dazu könnten die Systemtechnik mit den vielfältigen Analyse- und Bewertungsmethoden sowie ein Verfahren zur Ermittlung der *technischen Bonität* sein, das für die Einschätzung der Erfolgsaussichten von Produkten, Technologien und Unternehmen bei Kreditvergabe und Kapitalbeteiligung entwickelt und erfolgreich bei der WEST-LB und großen Sparkassen angewendet wurde.

# Komplex 3: Sammlung von Aussagen von Zeitzeugen zur Systematischen Heuristik

Koordinator: Prof. Klaus Stanke

## Inhaltsverzeichnis



## Vorbemerkungen

Es ist beeindruckend, mit welchem Enthusiasmus die Angesprochenen bereit waren, zu diesem Material kurze eigene Beiträge zu leisten. Durchgängig wurde betont, dass es höchste Zeit sei zu verhindern, dass das Erbe der *Systematischen Heuristik* in Vergessenheit gerät.

So ist eine bunte Palette von Meinungsäußerungen entstanden, die insgesamt ein beeindruckendes Bild von der SH damals und heute bietet. Sie zeigt auch, dass viele Lebenswege durch die SH deutlich beeinflusst wurden. Insofern ist die SH mehr als nur eine „abgebrochene Entwicklung", sondern ein echter Beitrag zur Gestaltung einer rationellen und effektiven Denk- und Arbeitsweise, der eine Fortführung verdient hätte.

Heute ist z.B. mit der *problemlösenden Kreativität* ein Stand erreicht, der den vielseitigen neuen Erkenntnissen gerecht wird, und der mit den dort gewiesenen Wegen ein eigenständiges Arbeiten mit Kreativitätstechniken auf hohem Niveau ermöglicht.

Im vorliegen Material der Komplexe 1 und 2 wird auch gezeigt, was aus heutiger Sicht und zum Teil bereits zu Zeiten der Abteilung Heuristik erkannte Schwachstellen und Mängel der SH sind. Einige sind unterdessen überwunden, andere sind prinzipiellerer Natur, mit einigen müssen auch alle anderen Kreativitätstechniken und Systemlösungen weiterhin leben.

Die SH sollte in der damaligen Form heute nicht mehr angewendet werden. Es gibt genug Weiterentwicklungen, wie im Komplex 2 gezeigt werden konnte, aber für einige der prinzipiellen Probleme sollte eine Forschung aktiv werden – das ist für die Zukunft wesentlich. Siehe dazu auch die Denkanstöße im Komplex 4.

Die Reihung der Beiträge ist keine Wertung, sondern folgt mehr dem Posteingang. Erst die erreichte Vielfalt wertet das Gesamtwerk SH.

Klaus Stanke

## 1. 35 Jahre Abteilung Heuristik

Am 5. November 2005 fand anlässlich des 35. Jahrestags der Gründung der Abteilung Heuristik ein „Heuristiker-Treffen" ehemaliger Mitarbeiter statt.

Dieser erste Beitrag ist damit im ursprünglichen Sinn kein „Zeitzeuge", weil er aber einen interessanten Zwischenstand kennzeichnet und eine Diskussionsgrundlage der damals aktiven Heuristikertruppe war, erscheint eine Wiedergabe hier als Ergänzung zu den folgenden Beiträge als gerechtfertigt. Dieses Jubiläumstreffen wurde genutzt, um einen Blick auf den Stand nach 35 Jahren zu werfen und dabei ohne zu großen Aufwand zu bestimmen, was vorliegt. Die Diskussionsgrundlage für diese Runde soll jetzt als Beitrag zu den Komplex „Zeitzeugen" gewertet werden, da sie doch einen kleinen Einblick (vor 15 Jahren) in den Stand gib und was wir damals dafür für relevant hielten.

## „1970 – 2005: 35 Jahre Abteilung Heuristik „Spuren, Entwicklungen, Alternativen – das Heute in Netz, Praxis und Bildung"

Es hat Spaß gemacht, mal wieder „einzutauchen", aber es gibt viel mehr, als man nebenbei verwerten kann. Deshalb nur Recherche mittels SLUB (TU und Landesbibliothek Dresden) und Internet:

*Eine persönlich emotionell bemerkenswerte Spur vorweg, sie stammt von 1995 von einem Nachbarn, der wie wir in ein neues Wohngebiet einzog: „Ich kenne Sie und das A 2-Programm von einem Lehrgang. Ich habe es viel genutzt, es ist gut."*

In der TU-Bibliothek sind Müller und die SH noch gut vertreten (10-mal Arbeitsmethoden [47], Systematische Heuristik [44], Programmbibliothek [45]). Das Heimatgebiet „Konstruktionswissenschaft (Kowi)" ist (noch) umfangreich (Pahl, Beitz, Hubka, ...). Die wichtigsten aktuellen Autoren zitieren Müller und die SH.

Hubka (*Einführung in die Kowi* 1992 [27]) gibt einen auch tabellarischen historischen Abriss und ordnet die SH/Müller genügend ein, definiert Heuristik und zitiert Heuristik/Müller angemessen breit. Letzteren mit der Aussage, dass Konstrukteure mit der Kowi nicht zu viel am Hut zu haben scheinen.

Pahl und die VDI-Richtlinie 2221 (1993 – *Methoden zum Entwickeln und Konstruieren technischer Systeme und Produkte*) scheinen einen Sättigungskurs zu bestätigen.

Mit der Kritik der Kowi (Benders, Ehrenspiel, ...) – zu deskriptiv, zu algorithmisch orientiert, ... – kommt quantitativ eine Richtung auf, die sich stärker mit der psychologischen Seite befasst (TU Berlin, TU Dresden Hacker u.a.), wobei Pietzcker (*Konstruktion lernen* 2004 [51]) u.a. eine Beobachtungsanalyse mit 70 studentischen Probanden und 10 Konstrukteuren zur Akzeptanz von Kowi-Methoden durchführt.

Einen anderen Weg gehen die Autoren, die sich den Erfinderschulen der DDR zuordnen lassen (Thiel, Rindfleisch, Herrlich, ...). Sie setzen voll auf die Altschuller-Basis ARIZ bzw. jetzt TRIZ.

Sie und viele Altbundesbürger sind erstaunlich präsent (mit Firmen und Weiterbildung in Cottbus, Berlin, Wittenberg, Münster, München, Wiesbaden, ...) und in der Literatur, z.B. *Dietmar Zobel. Systematisches Erfinden. 4. Auflage, 2006* [70].

Mit Michael A. Orloff – einem Nachfolger Altschullers – hat sich ein „TRIZ-Papst" in Deutschland niedergelassen, der in seinen *Grundlagen der klassischen TRIZ* [49] u.a. auch SH/Müller anführt als „organisatorisches und systematisches Vorgehen beim Lösen komplizierter technischer Aufgaben, das wenig bringt", aber die TRIZ (Theorie zur Lösung technischer Aufgaben) wie folgt wertet: „Von allen möglichen 86 Wissenschaften und Lehren, die aus dem 2. Jahrtausend n. Chr. der Menschheit bleiben werden, wird die TRIZ ein unschätzbarer Teil sein." !

Positiv aus dieser Richtung sei Dietmar Zobel vermerkt, der auf dem ARIZ aufbaut, ihn um die „Chemie erweiterte", das seit der DDR-Zeit lehrt und als Berater in seiner Firma offensichtlich erfolgreich betreibt. Die TRIZ wird nicht nur seitens ehemaliger Ost-Bürger, sondern u.a. über den Reexport aus den USA von vielen Firmen, Gruppen, Hochschulen der alten BRD angewendet und propagiert.

Zu nennen ist noch die DABEI (Deutsche Aktionsgemeinschaft für Bildung, Erfindung und Innovation). Sie hat sich der politischen und praktischen Unterstützung der Erfinder und der Innovationstätigkeit verschrieben, hat wichtige Mitglieder, aber ist nur ehrenamtlich tätig. Seit über 20 Jahren greift sie interessante Themen auf, fördert und fordert das gesellschaftliche Ehrenamt für Unterstützung der Kreativität und Begabung, u.a. von Kindern, aber auch die methodische Unterstützung von Erfindern und ähnliches.

Fazit des kleinen Ausfluges: Es gibt sehr viel zu der breiten Thematik – dabei auch Akzeptables. Die SH war und ist ein Beitrag, jetzt sind andere aktiv. Sie ordnen sie ein, schaffen sich die eigenen Bühnen, auch Übergehen findet statt. Wenn keine Institutionalisierung oder Personifizierung vorliegt, schwindet heute der Einfluss (zu) schnell.

Die gesellschaftliche Resonanz des immer noch zu wenig entwickelten Anliegens ist nach wie vor gering oder besonders gering geworden. Vom beschrittenen Weg scheint die „systematische Seite" besonders in den Hintergrund getreten zu werden. Das scheint aber nicht nur bei unserem Gebiet so zu sein. Gesellschaftlich dominiert das „Sofort", das Nahziel. Die schnelle Lösung ist überall gefragt, egal wie

– auch wenn Qualität und Potential auf der Strecke bleiben. Der mehr in Kritik kommende Irrglaube, der Markt werde es richten, ist eine Ursache dafür.

## 2. Doz. Dr. Dr. Hans-Dieter Eilhauer

Hans-Dieter Eilhauer – als ehemaliger Angehöriger der Abteilung Heuristik – äußert sich, wie ihn sein Entwicklungsweg dafür prädestiniert hat, eine spezielle Anwendung der SH (vgl. Komplex 2, Abschnitt 4.4) weit nach dem Ende der Abteilung Heuristik zu verfassen.

*Mein Ergänzungsvorschlag zu „F/E-Controlling" (Komplex 2, Abschnitt 4.4): Das englische Wort „to control" bezeichnet das Steuern und Lenken eines Arbeitsprozesses, wobei zunächst technische Arbeitsprozesse im Blickpunkt standen. So bezeichnet beispielsweise das Wort „Controlstick" den Steuerknüppel eines Flugzeuges.*

*Die Vorgabe von entsprechenden Programmen durch die SH erweiterte die Möglichkeiten des Steuern und Lenkens auch im Arbeitsablauf geistiger Arbeitsprozesse. Damit erhöht sich die Komplexität der Steuer- und Lenkungsprozesse. So sind in einem F/E-Management nicht nur rein wissenschaftlich-technische Aspekte, sondern auch ökonomische und allgemein gesellschaftlich relevante Aspekte mit zu berücksichtigen. Das wiederum erfordert, interdisziplinäre Kenntnisse und Erfahrungen der betreffenden Bearbeiter.*

*Bei der Qualifizierung solcher Bearbeiter stand die Abteilung Heuristik mit der unterschiedlichen Qualifikation und Erfahrung ihrer Mitarbeiter im Mittelpunkt dieser Forderung nach interdisziplinärer Zusammenarbeit, wie sich beispielsweise am Entwicklungsgang einzelner Mitarbeiter belegen lässt.*

*So arbeitet ein Naturwissenschaftler langjährig als Forschungsche-
miker in einem chemischen Großbetrieb, wo er zum Dr. rer. nat.
promoviert wurde und sich später habilitierte. Die Werkleitung delegierte ihn daraufhin als Mitarbeiter an die Abteilung Heuristik nach
Karl-Marx-Stadt. Nach mehrjähriger Mitarbeit und einem Struktur-
wandel der Abteilung Heuristk wechselte dieser Mitarbeiter zur Ver-
tiefung seiner ökonomischen Kenntnisse an den Bereich Betriebs-
wirtschaft der wirtschaftswissenschaftlichen Fakultät der Universität
Leipzig, wo er nach der Promotion zum Dr. rer. oec. als Dozent für
Wissenschaftsorganisation berufen wurde.*

*Seine Erfahrungen fasste er in dem 1993 erschienen Buch* F/E-
Controlling. Grundlagen, Methoden, Umsetzung *[13] zusammen.*

*In diesem Buch werden die methodischen Aspekt der geistigen Ar-
beitsprozesse bei der Einbindung ökonomischer und betriebswirtschaftlicher Fragestellungen als Grundlage eines effektiven F/E-
Managements dargestellt. Ausgehend davon, dass den Forschern die
methodische Vorgehensweise orientierend vorgegeben wird, wie sie
grundsätzlich vorgehen sollten, kann auch kontrolliert werden, ob
sie das getan haben. "*

## 3. Dr. phil. habil. Rainer Thiel

Rainer Thiel – der kürzlich seinen 90. Geburtstag beging – begleitet
die SH seit Jahrzehnten (vgl. seinen Beitrag in [62]) und hat sich
besonders bei der Entwicklung der „Erfinderschulen" hervorgetan.
Als ein auf den „dialektischen Widerspruch" orientierter Philosoph
begeisterte ihn besonders Altschuller und irritierte ihn, dass trotz
tiefgründiger Analysephase der SH nur der „Defekt" als wesentliches Resultat auftrat, die stimulierende „Widerspruchsthematik"
dagegen nicht explizit formuliert wurde. Daraus ergaben sich in der

Vergangenheit auch Konflikte in der Zusammenarbeit, die stets im Vordergrund stand. Rainer Thiel schrieb uns:

*Liebe Freunde der Systematischen Heuristik. Ihr habt zur rechten Zeit dafür gearbeitet, die Ingenieure vorzubereiten auf Rationalisierung ihrer Arbeit mit Hilfe automatischer Datenverarbeitung. Das war für die Deutsche Demokratische Republik eine historische Leistung. Ihr hattet das Glück, dass das von Walter Ulbricht verstanden worden war. Und so entwickelte sich in der Öffentlichkeit eine riesengroße Werbung für die SH, so groß, dass es vielen Menschen als aufdringlich erschien. So empfand ich das auch.*

*Etwa zur gleichen Zeit begann ich, mich intensiv für die Methodik des Erfindens zu interessieren, angeregt durch Altschuller in der Sowjetunion, ausgezeichnet durch Altschullers Credo, in der technischen Entwicklung dialektische Widersprüche zu erkennen und zu lösen. Davon war ich begeistert. Aber ich vermisste Bezugnahmen darauf in der SH. Von beiden Phänomenen war ich bis ins Innerste aufgewühlt und verfasste einen heftigen Text, der in der Deutschen Zeitschrift sogar publiziert wurde. Diese meine Heftigkeit bedaure ich heute. Sie war nicht geeignet, Verständnis bei den Pionieren der SH zu finden.*

*In jener Zeit veranstaltete ich beim Institut für Hochschulbildung ein zweitägiges Kolloquium „Erfindertätigkeit und Schöpfertum" mit etwa 90 Teilnehmern, darunter auch engagierte Streiter für die SH. Verständlich, dass es dabei auch zu Rangeleien zwischen mir und Streitern für die SH gekommen ist. Doch dieser Streit setzte sich noch jahrelang fort. Das ist bedauerlich, und weil der Streit mitunter auch heftig ausfiel, war es beinahe tragisch. Das ist zutiefst bedauerlich, und ich bereue schon seit langem, dass ich meinerseits damals nicht fähig war, meinen Teil zur Entspannung beizutragen.*

*Ich bemerkte nur, dass Streiter für die SH schließlich begannen, die Leistungen von Genrich Saulowitsch Altschuller anzuerkennen. Ob sich das auf die Entwicklung der SH auswirkte, weiß ich nicht. Ich war durch meine Arbeit für die Erfinderschulen bis über den Rand meiner Kräfte beansprucht, die ich an der Seite von Dr.-Ing. Michael Herrlich und vor allem von Dr.-Ing. Hans-Jochen Rindfleisch sowie im Gedankenaustausch mit Dr.-Ing. Hansjürgen Linde, dem Generator der „Widerspruchsorientierten Innovationsstrategie WOIS“, denkend und praktizierend entwickeln konnte. Die drei Genannten waren alle „Verdiente Erfinder der DDR“.*

*Letzter Höhepunkt des Streits war die Verteidigung von Lindes Dissertationsschrift 1988 an der TU Dresden, wo der Dekan sowie zwei Professoren der Konstruktionstheorie Hansjürgen Linde sehr unverhältnismäßig und unsachlich angriffen. Als Lindes Betreuer und Gutachter habe ich einen Kompromiss erstritten: „Magna cum laude“. Etwa 1992 bekannte sich der höchste Sprecher der Konstruktionstheorie, der mit der SH sympathisierte, in der Zeitschrift „Konstruktionstheorie“ dazu, in Ingenieur-Aufgaben müssen auch dialektische Widersprüche zugelassen und auf den Weg zur Lösung gebracht werden.*

*Der geniale Hans-Jochen Rindfleisch mit mir an seiner Seite entwickelte von 1989 bis 1998 das ProHEAL, das Programm zum Herausarbeiten von Ingenieur-Aufgaben und Lösungsansätzen. Dieses wird erst heutzutage in breiteren Kreisen bekannt und als beachtenswert empfunden.*

*Von den vorstehend angetippten Entwicklungen berichtete ich in meinem Vortrag anlässlich des Kolloqiums in Storkow zu meinem 90. Geburtstag am 12. September 2020.*

## 4. Dipl.-Ing. Kurt Peter Hofmann

Peter Hofmann – auch ein ehemaliger Angehöriger der Abteilung Heuristik – ist seit langem ein enger Begleiter des von der SH kommenden neuen Ansatzes der *problemlösenden Kreativität* im Internet, in dem er z.B. dort zahlreiche Bilder von „seiner künstlerischen Seite" bereitstellt und selbst die Verbreitung einer einfach nachvollziehbaren A2-Variante im Netz bereitstellt.

*Ich habe vor der Delegierung zur Heuristik alternative Lochkartenschnellleser mitkonzipiert, am ersten xerographischen Drucker gebastelt, gläserne Licht- und Bildleitkabel dazu eingesetzt. Da konnte man den Wert guter Konstruktionssystematik schon früh ermessen.*

*Der erste „interaktive" Versuch als Mitarbeiter im ZKI bestand aus einer „Pseudo-App", einem kleinen dicken Heft, in dem man, geleitet von Heuristischen Programmen, nur* die richtige Seitennummer aufzuschlagen brauchte, um Infos (Hilfen) in Entscheidungssituationen zu bekommen. *Also dreiwertige Logik: Stimmt (1), stimmt nicht (0), weiß nicht (?)* → *Seite 48.*

*Nach Auflösung der Außenstelle „Informationsysteme" des Zentralinstituts für Kybernetik der AdW in Karl-Marx-Stadt bin ich in der Kultur gelandet und konnte mich intensiv mit dem Aufbau technischer Museen befassen. Zusätzlich durfte ich die Ausrichtung großer kunstbezogener Sonderausstellungen leiten. Ein spezifischer Inhalt, ein bunter beteiligter Personenkreis.*

*Die gestalterisch-technische und organisatorische Umsetzung, mit eng begrenzten Terminen und Fonds, unterschied sich aber methodisch kaum vom technisch-konstruktiven Bereich, wie ich ihn kannte.*

*Man bewegte sich (nur) in einem anderen Sprachraum, in einem mehr sozial-kulturellen Umfeld. Die Systematische Heuristik war mir in Fleisch und Blut übergegangen, und so konnte ich nicht an-*

ders, als über Vorbehalte hinweg knifflige Anforderungen wie gewohnt zu präzisieren, zu planen, zu bewerten.

Kreativität wird ja traditionell in der Kultur nicht nur stärker als in der Technik vermutet, sondern still vorausgesetzt. Man sagt „Idee, Einfall" statt „Defektreduzierung an Störstellen der Funktionswertflussanalyse".

Suchraumerweiterungen, Modellbildungen, Variantenbewertungen und nicht zuletzt Begriffsdefinierungen werden dort gern angenommen, wenn es nicht technokratisch gestelzt oder politisch überschminkt daherkommt.

Das Hervorbringen überraschender Lösungen wird in beiden Gebieten von einer fachübergreifenden Universalität stimuliert. Zuweilen bringen dies die Akteure als Talent oder Ausbildung mit, in vielen Fällen kann es erfolgreich systematisch-heuristisch ertastet werden – im Alleingang oder, besser noch, im Kollektiv.

Ohne Zertifikate bin ich nur ein bescheidener Universaldilettant, aber ich spüre, dass die SH wenigstens mir in vielen Lebenslagen hilft.

Alte Schlachtrosse sind schwer zu überzeugen, zugewiesene Zuständigkeiten fallen zu lassen. Aber die Jugend darf, ja muss es können!

Ganz in deren objektivem Interesse verweise ich gern auf die nur gering entwickelte pädagogische Seite der SH, auf kaum genutzte mnemotechnische Hilfen, auf übertriebenen Ernst beim Erfinden und den aus vermeintlicher Zeitnot unterschätzten Wert guter visueller Kommunikation.

In einem gleich temperierten Kellerlabor kann nun mal Kreativität auf Dauer nicht bestehen. Und das fleißige Sammeln „richtiger" Fakten führt noch längst nicht dazu, dass die „anständigen Leute" auch das Richtige tun.

*Da ist noch etwas sehr Subjektives, was unverzichtbar bleiben wird über die Hochzeit der künstlichen Intelligenz hinaus. Wenn ich aus der Heuristik-Zeit etwas Grundlegendes gelernt habe, dann ist es die Fähigkeit der Kollegen, zuzuhören, ohne inzwischen, aus Eitelkeit oder Systemtreue, den nächsten Gegenschuss zu laden.*

*Zum letzten Gedanken gestatte ich mir – quasi als DDR-Büger und Heuristik-Insider – zu bemerken, dass es einen erheblichen rhetorischen Unterschied zwischen Auftritten im gut behüteten öffentlichen Raum und toller interner interdisziplinärer Facharbeit gab.*

*Seit 2013 geistert mein smartphonefähiges A2-Programm für junge Leute im Netz herum. Mittlerweile kann ich es nicht mehr pflegen, weil ich mir den rasanten, sich gegenseitig ausschließenden „Betriebssystemwandel" nicht mehr leisten kann. Da sind wir schon voll in der Recyclingwirtschaft.*

*Fragen Sie nach Workshop 1 bis 4 in meinem Youtube-Kanal[7].*

## 5. Dr. rer. oec. habil. Stephan Harhoff

Stephan Harhoff war ein Teilnehmer am ersten Intensiv-Lehrgang zur SH auf dem Bärenstein, noch vor Gründung der Abteilung Heuristik. Er berichtet, wie ihn diese Denk- und Arbeitsweise im Weiterem geprägt hat, was er selbst versucht hat, sie zu verbreiten und wie es diesbezüglich heute aussieht.

*Vom 20.10. bis 07.11.1969 besuchte ich mit zwei Kollegen der TU Dresden einen Lehrgang „Systematische Heuristik" in Bärenstein im Erzgebirge. Wenn ich mich richtig erinnere, war das der erste von einer ganzen Reihe derartiger Lehrgänge.*

---

[7]https://www.youtube.com/channel/UCmDlcqD10eevgBOFWblF1PQ

*Als Lehrgangsmaterial diente die technisch-wissenschaftliche Abhandlung „Systematische Heuristik für Ingenieure" (1969) von Prof. Dr. phil. habil. Johannes Müller, der auch den Lehrgang leitete.*

*Meine Kollegen und ich bearbeiteten damals im Rahmen unserer Dissertationen ingenieur-ökonomische Probleme der Rationalisierung der technischen Produktionsvorbereitung, speziell des Konstruktionsprozesses. Für diese Arbeiten erwiesen sich die im Lehrgang vermittelten Erkenntnisse und Erfahrungen als außerordentlich wichtiger Input, wofür ich Prof. Müller und seinem Team dankbar bin.*

*Bereits vorher war ich bei meinen Recherchen zur Dissertation auf einen Beitrag von Prof. Müller in der Wissenschaftlichen Zeitschrift der Technischen Hochschule Karl Marx-Stadt „Operationen und Verfahren des problemlösenden Denkens in der konstruktiven technischen Entwicklungsarbeit – eine methodologische Studie" [39] gestoßen. Obwohl ich diese Arbeit damals nicht auf Anhieb verstanden habe, war mir klar, dass es um hochinteressante Gedanken und Lösungsansätze zur Erhöhung der Kreativität ging. Das war Motivation, unbedingt am Heuristiklehrgang teilnehmen zu wollen.*

*Meine Erwartungen wurden nicht enttäuscht. In einer der Problematik angemessenen Art und Weise verlief der Lehrgang so, dass ich begeistert war und mich fortan zu einem „Jünger Johannes" entwickelte.*

*Ich habe die Systematische Heuristik nicht nur in der eigenen Forschungsarbeit angewendet, sondern auch versucht, sie „unters Volk" zu bringen. So freute es mich, dass ich z.B. ins Vortragszentrum der Urania Dresden zu zwei Vorträgen mit dem Thema „Systematische Heuristik – Technologie des problemlösenden Denkens" eingeladen wurde, und auch auf einer Reihe von Schulungsveranstaltungen der Industrie zum Anliegen sprechen durfte.*

*Ernüchternd muss ich aber heute feststellen, dass diese und die vielen anderen Bemühungen, die Systematische Heuristik in der Breite und fest in problemlösenden Arbeitsprozessen zu verankern, leider nicht von Erfolg gekrönt waren. Nach wie vor – so scheint mir – wird der Wert von erprobten und bewährten Methoden bzw. Handlungsvorschriften für diese Prozesse unterschätzt.*

---

**Forderungen von Prof. Müller an eine Dissertation**

1. Welche *grundlegende* Fragestellung wird bearbeitet?
2. Welcher Zweck wird mit der Bearbeitung verfolgt?
3. Welche Ergebnisse konnten erreicht werden?

  3.1. Bestätigung vorliegender Ergebnisse
  3.2. Widerlegung vorliegender Auffassungen
  3.3. Bisher noch nicht vorliegende Aussagen, Regeln, Vorschriften, Programme usw.

   3.3.1. Liste neuer Ergebnisse
   3.3.2. Vergleich dieser Ergebnisse mit bisher Vorliegendem bei Charakterisierung des Neuheitswertes

4. Wie und wo können die Ergebnisse genutzt werden?
5. Welche weiterführenden Fragestellungen werden formuliert?

Die Fragestellung darf im Höchstfall 6 A4-Seiten umfassen.

Bei Beantwortung der einzelnen Fragen ist es wünschenswert, dass auf die Seiten der Arbeit hingewiesen wird, wo die entscheidenden Aussagen zu finden sind.

---

# 6. Dr. Bernd Schüttauf

Bernd Schüttauf ist auch ein ehemaliger Angehöriger der Abteilung Heuristik und pflegt gute Kontakte zur TU Chemnitz (siehe den Beitrag zu „180 Jahre TU Chemnitz" im Komplex 2). Er hat auch das einzige noch bekannte Exemplar der heuristischen Programmbibliothek in Russisch in der TU-Bibliothek entdeckt (dazu Komplex 2, Abschnitt 3.2.3.).

Aus seinen Unterlagen als Zeitzeuge hat er die „Forderung Prof. Müllers an seine Doktoranden" beigesteuert, die dessen Rationalität und Zielorientierung nachdrücklich bestätigt.

## 7. Prof. Dr. sc. nat. Klaus Henning Busch

Klaus Henning Busch, der schon mit seiner Diplomarbeit Kontakt zur Heuristik bekam, hat seit vielen Jahrzehnten mit ehemaligen Mitarbeitern der Abteilung Heuristik – einschließlich Johannes Müller – zusammengearbeitet bei ctc, in Erfinderschulen u.a.m. Er schreibt

*Als ich im Januar 1971 meine Arbeit am Forschungszentrum für Tierproduktion (FZT) der Akademie der Landwirtschaft der DDR antrat, offenbarte mir mein damaliger Bereichsdirektor, dass alle Akademieinstitute einen Beauftragten für die Einführung der Systematischen Heuristik in die Agrarforschung zu benennen hätten.*

*Da mir der Begriff „Heuristik" aus den Vorlesungen bei Prof. Lohmann an der (damaligen) TH Dresden nicht fremd war, fand ich das Angebot, mich der Systematischen Heuristik zuzuwenden, sehr interessant. Ich habe meinen damaligen Entschluss nie bereut.*

*Das Hervorbringen von Ideen zur Lösung von Problemen verläuft nach Lohmann als heuristischer Prozess mit den Hauptschritten*

- *Erinnern an Ähnliches und*
- *Anpassen der gefundenen Analoga an die Problemsituation. (Lohmann 1959/60)*

*Daraus lässt sich das heuristische Dreieck (Bild 3.1) ableiten.*

*Die Analogie der schöpferischen Prozesse wird auch durch die (nicht nur) formale Ähnlichkeit des dramaturgischen Dreiecks mit dem pädagogischen Dreieck, dem heuristischen Dreieck und der Dramaturgie des Humors deutlich erkennbar. [9]*

*Neben den damals aktuellen Veröffentlichungen zur Systematischen Heuristik (besonders [41] und [44]) konnte ich durch meine Teilnahme an einem zweiwöchigen Weiterbildungskurs und durch die Klausurtagungen in „Hotel auf dem Bärenstein" einen fundierten Einblick in die SH gewinnen.*

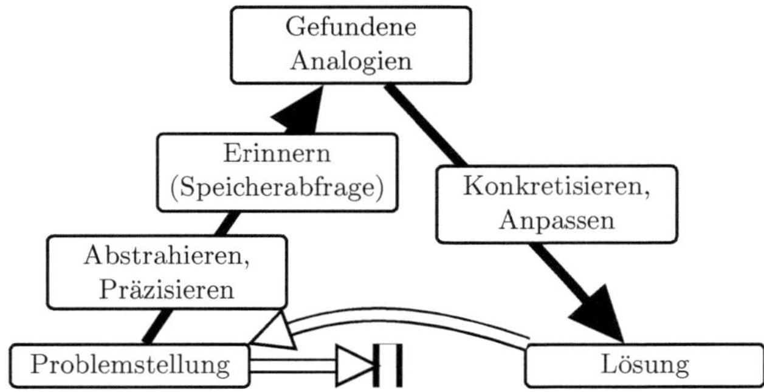


**Bild 3.1:** Heuristisches Dreieck

*Die erworbenen Kenntnisse bildeten die Basis für institutsinterne Workshops und für methodischen Beratungen in den jeweiligen Forschungsgruppen. Sie bildeten außerdem die Grundlage für die Konzipierung der „Verfahrensbibliothek Versuchsplanung und -auswertung" als einer praktischen Anleitung zur statischen Versuchsplanung [52].*

*Aus den Erfahrungen der methodischen und forschungstechnischen Zusammenarbeit mit Veterinärmedizinern, Medizinern, Biologen und Ingenieuren resultierte das Buch „Innovationen erfolgreich realisieren (Erfinden lernen – lernend erfinden)" [8].*

*Aus dieser disziplinübergreifenden Zusammenarbeit entstanden zahlreiche innovative Lösungen, die neben ihrem Einsatz in der Forschung auch gemeinsam mit der Industrie in die Praxis eingeführt werden konnten. Die Ergebnisse lieferten die Grundlage für eine Reihe von Patenten.*

*Innerhalb der Akademie der Landwirtschaft sicherte in dieser Zeit eine enge kollegiale Zusammenarbeit mit Dr. Siegfried Krause die Position der methodischen Arbeitsweise.*

*Zeitgleich mit der Arbeit im wissenschaftlichen Gerätebau erfolgte die aktive Beteiligung an den KDT-Erfinderschulen. Neue Impulse ergaben sich – auch für mich – aus der Mitwirkung an den ctc-Kreativitätsseminaren. Die dabei realisierte komplexe und multidisziplinäre Vorgehensweise wird an anderer Stelle in diesem Material ausführlich dargestellt. (Siehe auch [6])*

*Ein nicht unwesentlicher Effekt der ctc-Kurse war die schöpferische Zusammenarbeit mit den beteiligten Experten, besonders auch mit den Kollegen, die bereits aus der „Abteilung Heuristik" bekannt waren bzw. in dieser Zeit kontaktiert wurden (besonders Peter Koch, Rolf Frick, Klaus Stanke).*

*Die Auflösung der Abteilung Heuristik im Jahre 1972 und die darauffolgende positive Nachwirkung erinnert mich an den „Missionsbefehl" bei (Matthäus 28, 19-20) „Darum gehet hin in alle Welt ... und lehret sie alles ... was ich euch befohlen (gelehrt) habe".*

*Aus meiner Sicht hat die Auflösung der Abteilung Heuristik nicht zur Liquidierung der Systematischen Heuristik und ihrer Zielstellung sowie ihrer methodischen Basis geführt. Die Arbeiten zum wissenschaftlich-technischen Schöpfertum entwickelten sich in der*

*Breite über nahezu alle Fachgebiete und in der geographischen Ausdehnung über zahlreiche Ländergrenzen hinweg.*

*Neben der Design-Methodik (Rolf Frick), der Arbeitsweise des ctc, der Problemlösenden Kreativität und den Erfinderschulen werden in diesem Material weitere Beispiele dazu dargestellt.*

*Im Rahmen der Hochschullehrer-AG „Gerätekonstruktion" waren die heuristischen Aspekte der Konstruktionsmethodik und ihr Einsatz in der Lehre Gegenstand regelmäßiger Beratungen.*

*Die Weiterführung der Zusammenarbeit mit Joschkar-Ola und Riga ist in dem Heft „Technisches Schöpfertum – Impulse aus der Zusammenarbeit der Partnerstädte Riga und Rostock" [10] kurz beschrieben.*

*Mit meinem Wechsel in das Innovations- und Forschungsinstitut itf Schwerin nahm ich 1996 die Tätigkeit auf dem Gebiet der Forschung und Gestaltung von Vorhaben der beruflichen Aus- und Weiterbildung auf. Gemeinsam mit Kollegen Doz. Dr. habil. Hans Jürgen Buggenhagen und weiteren Kolleginnen und Kollegen entstanden mehrere umfangreiche Schriftenreihen, in denen die Kreativitätstechniken eine breite Berücksichtigung in der Didaktik und Methodik der Beruflichen Weiterbildung finden (u.a. [5], [7]).*

*Im Rahmen von Vorhaben der Regionalentwicklung in Mittelfranken finden die Kreativitätstechniken Eingang in die Museums-Pädagogik [11].*

## 8. Dipl.-Ing. Dieter Skrobotz

Dieter Skrobotz arbeitete seit 1967 als junger Diplomingenieur für Hochfrequenztechnik und Elektroakustik im Institut für Nachrichtentechnik der DDR, einer Forschungseinrichtung des RFT-

Kombinates, in einer Abteilung, die sich mit dem erstmaligen Einsatz digitaler Technologien zur Nachrichtenübertragung beschäftigte. Er war beteiligt an der Entwicklung eines neuartigen, digitalen PCM Übertragungssystems mit 32 Kanälen in der Fernmeldetechnik.

In den 1970er Jahren arbeitete er in einer Abteilung, die sich mit Möglichkeiten zur Verbesserung der Ingenieurstätigkeit durch Systematisierung und Qualifizierung der kreativen Prozesse in diesem Bereich beschäftigte. In Zusammenhang damit kam er zwangsläufig mit den Aktivitäten des Kollektivs um Johannes Müller an der TH Karl-Marx-Stadt in Berührung, die sich mit der Systematisierung der Ingenieurstätigkeit durch die Anwendung heuristischer Methoden beschäftigte.

Er besuchte eine entsprechende Schulung und bewarb sich um die Aufnahme als externer Doktorand, um auf diesem Wissensgebiet zu promovieren. Mitten in diesem Prozess wurde von der SED-Parteiführung „der offizielle Kurs geändert" und die Arbeiten in diesem Bereich aus ideologischen Gründen abgebrochen.

Nach der Wende nahm der Autor im Zusammenhang mit seiner Tätigkeit als Hochschuldozent das Thema wieder auf und beschäftigt sich seither mit Fragen der Aufbereitung und Systematisierung des Wissensgebietes der Heuristik[8]. Für diesen Band steuerte er den folgenden umfassenderen Beitrag bei.

---

[8]Siehe dazu auch die Webpräsenzen `http://kreativitaet4punkt0.de` und `https://www.kreativitaetundheuristik.net`.

## Systematische Heuristik in der heutigen komplexen Gesellschaft

von Dieter Skrobotz

Heuristiken beschäftigen die Wissenschaft schon seit Jahrhunderten. Sie spielten im gesellschaftlichen Leben aber lange Zeit nur eine geringe Rolle, weil man sie meist den intuitiven Denkprozessen von Erfindern als Ausnahmetalenten zuordnete. Erst in den letzten Jahrzehnten ist durch eine Vielzahl von Forschungen und einer inzwischen merklichen Anwendung in der Praxis klar geworden, dass es sich nicht nur um einen Spezialfall von Kreativität, sondern um tägliches problemlösendes Denken in allen Schichten der Gesellschaft handelt. Selbst im Alltag wurden inzwischen „natürliche" Heuristiken gefunden, die uns helfen, auf direktem, erfahrungsgeleiteten Weg, mit unseren ständig zu bewältigenden Problemen in einer immer komplexeren Welt fertig zu werden.

Mit der Absicht, die Planwirtschaft leistungsfähiger zu machen, wurde in den 1970er Jahren in der DDR eine größere Kampagne zur Entwicklung und Einführung einer „Wissenschaftsorganisation" gestartet. In diesem Zusammenhang beschäftigte man sich bald auch mit heuristischen Verfahren. Eine der verfolgten Richtungen war, Abläufe in den Entwurfs- und Entwicklungsprozessen der Ingenieurtätigkeit so zu verbessern, dass Ideen für neue Produkte schneller gefunden, Aufgaben besser formuliert, Arbeitspläne effizienter aufgestellt und kontrolliert, Ziele schneller und genauer erreicht werden könnten.

Kernpunkt war eine Systematisierung der Arbeitsabläufe, wobei vor allem Verfahren aus dem Bereich der Konstruktionswissenschaften und dort gefundene (heuristische) Regeln genutzt wurden. Folgerichtig wurde die neue Wissensrichtung „Systematische Heuristik" genannt und als Anwendungsgebiet die Ingenieurstätigkeit mit ihrem konstruktiven Charakter definiert.

Eine weitere Aufgabe der Wissenschaftsorganisation war die Entwicklung von „Maßnahmen zur Verbesserung der Patentsituation". Auf diesem Gebiet gab es in den 1970er Jahren erhebliche Defizite, wodurch DDR-Produkte im internationalen Maßstab oft nicht konkurrenzfähig waren.

Ausgangspunkt für eine neue Strategie auf diesem Gebiet wurden die Arbeiten von G.S. Altschuller aus der UdSSR, welcher erste anwendungsfähige Ergebnisse für eine „Theorie der Erfindungen" (TRIZ) publiziert hatte. In mühsamer Kleinarbeit untersuchte er tausende von Erfindungen auf ihren innovativen Gehalt und entwickelte einerseits eine Tabelle mit Denkanstößen für neuartige kreative Lösungen, ausgehend von vorhandenem Wissen, andererseits eine Theorie zum Suchen und Verwenden von Widersprüchen als übergeordnetes Handlungsprinzip einer „Theorie des Erfindens".

Diese Theorie wurde in den Folgejahren weiterentwickelt und fand weltweit Interesse bei Fachleuten des Erfindungswesens. Sie hat die gesellschaftliche Wende in den 1990er Jahren überdauert und wird bis in die heutige Zeit als wichtiges Prinzip für ein zielgerechteres Erfinden und für die Produkt- und Portfolio-Gestaltung innovativer Unternehmen genutzt.

Im Zeitalter des modernen Innovationsmanagements gibt es inzwischen vielfache Weiterentwicklungen und Ergänzungen. Es haben sich nationale und internationale Anwendungsgemeinschaften und eine Reihe von Unternehmen gebildet, die die Nutzung fördern und entsprechende Ausbildungen oder Problemlösungsunterstützung anbieten. Über ein Graduierungssysten wird versucht, den Fachleuten für dieses Wissensgebiet einen internationalen Markt zu erschließen, was allerdings in der bisherigen Praxis durchaus umstritten ist.

Die Arbeiten an der Systematischen Heuristik wurden dagegen bereits in der Ära Honecker seitens der SED-Parteiführung kritisch gesehen und wegen ihrer Nähe zur verpönten Systemtheorie schließlich nicht mehr als anwendungsfähig betrachtet. Sie gerieten in der Öffentlichkeit mehr und mehr in Vergessenheit.

Johannes Müller beschäftigte sich allerdings weiterhin mit Forschungen in diesem Wissensgebiet und fasste die Ergebnisse seiner 30-jährigen Arbeit schließlich 1990 in einer Monographie [47] zusammen.

Inzwischen muss festgestellt werden, dass es wieder Bedarf für die Ideenwelt der Systematischen Heuristik gibt. Nicht nur das kreative Problemlösen mit dem Ziel der Entwicklung neuer Produkte, sondern auch das Lösen von Problemen, die durch die steigende Komplexität unserer Umwelt und Gesellschaft entstehen, hat enorm an Bedeutung zugenommen: Zudem geraten wir immer mehr in Ausnahmesituationen, in denen das so gelobte rationale, verstandesgemäße Handeln nach festen Regeln nicht mehr funktioniert.

*„Je komplexer technische und organisatorische Systeme werden, umso mehr treten zugleich Grenzen der Kontrolle und Beherrschung auf. Diese Grenzen der Kontrollierbarkeit entstehen nicht (mehr) entlang der etablierten Unterscheidung von berechenbarer materiell-technischer 'Natur' einerseits und nicht berechenbarem sozial-kulturell 'Menschlichem' andererseits, sondern treten innerhalb komplexer technischer Anlagen und sozio-technischer Systeme auf. "* [3]

Diese Grenzen sind „nicht durch ein 'Mehr' an Wissenschaft und Technik ausschaltbar, sondern entstehen immer wieder in neuer Weise und auf neuem Niveau" [3, S. 82].

Die These ist, dass gerade in den Momenten ungeplanter Ereignisse und unerwarteter Problemlagen der rationalverstandesmäßige

Handlungsmodus selbst an seine Grenzen gerät und andere Handlungsweisen relevant werden.

Das folgende Zitat aus [3] kann hierbei für alle diskutierten neueren Konzepte gelten, denn sie machen *„darauf aufmerksam, dass Menschen Informationen nutzen und Informationsquellen erschließen können, die nicht präzise definierbar und beschreibbar sind, gleichwohl aber Auskunft über Eigenschaften und Wirkungsweisen konkreter Gegebenheiten geben, die einer objektivierenden, verstandesmäßig geleiteten sinnlichen Wahrnehmung nicht zugänglich sind.“* (aus [48]).

Aufgrund der hier beschriebenen Situation wird in letzter Zeit verstärkt nach Möglichkeiten gesucht, Problemlösungsprozesse auch unter Zielunsicherheit, fehlendem Wissen zu Ausgangsgrößen und Lösungsverfahren, störenden Kontexteinflüssen und fehlenden Ressourcen effektiv zu gestalten. Dabei geht es weniger um die Neuartigkeit der Lösung als um die schnelle, möglichst effektive Beseitigung von Problemen.

Viele moderne Innovationsstrategien, wie etwa die Anwendung von TRIZ als Kreativitätstechnik, haben mit einem solchen Szenario Probleme. Unter Unsicherheit und Zeitdruck zu arbeiten, hat einen besonders negativen Einfluss auf die Kreativität des Menschen.

Die Systematische Heuristik kann in diesem Zusammenhang für den Anwender eine Hilfestellung bedeuten, auch außerhalb der üblichen verstandesmäßigen Rationalität unter Zeit- und Handlungsdruck noch leistungsfähig zu sein. Wer methodisches Grundwissen zur kreativen Lösung von Problemen besitzt und mit den Unwägbarkeiten im Umgang mit Unsicherheit und Ungewissheit vertraut ist, wird auch unter den heutigen komplexen Bedingungen leistungsfähig sein.

Der Ansatz, auch das problemlösende Denken der jetzigen, mit der umfassenden IT-Anwendung bereits an strukturiertes Denken gewöhnten Generation zu qualifizieren, könnte zielführend sein, um die Nutzung von Heuristiken in einer komplexen Leistungsgesellschaft weiterzuentwickeln. Dabei sollte einerseits der aktuelle Mangel an Wissen zu Aufbau, Charakter und Leistungsfähigkeit von Heuristiken (man frage in der gegenwärtigen Studentengeneration nach dem Begriff Heuristik!), als auch andererseits die ungenügende theoretische und praktische Behandlung und Durchdringung des gesamten Wissensbereiches angegangen werden.

Beispielsweise geht es um den während der Entwicklung des Wissensgebietes der Heuristik in den letzten Jahrzehnten mehrfach als Synonym für Heuristische Regeln benutzten Begriff „Faustregel". Damit sollte ursprünglich auf eine verständliche Weise vermittelt werden, dass die Grundlage einer heuristisch determinierten Arbeitsweise vor allem die effektive Nutzung von Erfahrungswissen ist. Dass es sich dabei nur um ein *Synonym* für *einen* der Aspekte der Anwendung von Heuristiken handelt, ging schon bald verloren. In vielen Veröffentlichungen und Enzyklopädien wird heute die Anwendung von Heuristiken einfach auf diesen Aspekt reduziert und daher als „unwissenschaftlich" und in der Praxis nicht brauchbar gebrandmarkt.

Andererseits sind heuristische Arbeitsweisen unerlässlich, um einige für die gegenwärtige Gesellschaft substanzielle Systemlösungen zu realisieren. Die bisherige Einschränkung des Begriffes muss daher baldmöglichst revidiert werden. Die Ideen der Systematischen Heuristik – aufgearbeitet und den heutigen Nutzungsbedingungen einer methodischen Handlungsunterstützung im Internetzeitalter angepasst –, könnten hier Wesentliches leisten.

TRIZ wiederum sollte sich aus seiner selbst gewählten Rolle als *eigenständiges Wissensgebiet* befreien und sich als *Mitglied der großen*

*Familie der Heuristiken* begreifen. Damit erschließen sich vielfältige neue Impulse aus dem Erfahrungswissen anderer Anwendungsgebiete, die für eine Weiterentwicklung des kreativen Problemlösens außerordentlich wichtig sind. So kann beispielsweise der in der heutigen IT-Gesellschaft logische Trend „Kreativität auf den Rechner zu bringen", der inzwischen auch TRIZ erfasst hat, nur richtig eingeschätzt werden, wenn man für diese Theorie den Charakter einer Metaheuristik akzeptiert. Gleiches gilt, wenn die Ideenwelt der Systematischen Heuristik den heutigen Bedingungen entsprechend weiterentwickelt werden sollte.

Der Focus auf das Erfinden ist eines der wesentlichen Hindernisse, warum die Innovationsmethodik TRIZ heute vielfach als Außenseiter betrachtet wird. Die Bedeutung des Entwickelns von Patenten als kreatives Ziel innovativen Denkens zu sehen, hat – auch wenn es vielen nicht gefällt – in der heutigen Gesellschaft stark an Bedeutung verloren.

Treiber dieser Entwicklung ist vor allem die Strategie von „Open Innovation" zur Entwicklung neuer Lösungen, die in der Industrie immer mehr an Bedeutung gewinnt. Unter den Bedingungen hochkomplexer Anwendungslösungen und immer mehr Produkten mit Systemcharakter ist es nahezu unmöglich geworden, neue Produkte und Lösungen mit den Ressourcen eines einzelnen Unternehmens zu generieren. Nur in kollektiver Zusammenarbeit von Partnern aus verschiedenen Wissensgebieten können die heute geforderten, völlig neuartigen „disruptiven" Lösungen gefunden werden. Ein solcher „Kreativitätsbiotop", in dem Wissensgenerierung und -anwendung kollektiv erfolgt, hat per se Schwierigkeiten, mit Schutzrechten und Patenten umzugehen. Dazu kommt, dass im Patentwesen inzwischen auch Akteure mit unlauteren Praktiken arbeiten, die andere Marktteilnehmer bewusst schädigen wollen, was neben den oft erheblichen

Kosten viele von der Entwicklung und Anmeldung von Patenten abhält.

Das strukturierte, problemlösende Denken bleibt weiterhin die allgemeine Grundlage innovativer Prozesse. In diesem Zusammenhang sind die Erkenntnisse überaus nützlich, die bei der Entwicklung und Anwendung der Systematischen Heuristik in den 1970er Jahren des vorigen Jahrhunderts gewonnen wurden. Ein den heutigen Erfordernissen innovativer Tätigkeit entsprechendes Denkgebäude kann entstehen, wenn man die damals entwickelten strukturierten Arbeitsschritte als heuristisch determinierte Problemlösungsstrategien begreift. Die damit mögliche Einordnung in das Wissensgebiet der Heuristik, mit seiner Strukturierung in Metaheuristiken, Heuristiken und heuristische Regeln erweitert den kreativen Handlungsraum enorm.

Besonders nützlich ist dabei die bei einer heuristisch determinierten Arbeitsweise mögliche Verknüpfung von Problemlösungsprozessen mit verallgemeinerten methodischen Hinweisen aus erfolgreichen Problemlösungen, mit Erfahrungen in Regelform aus früheren Lösungsprozessen, mit verallgemeinerten Grundgesetzmäßigkeiten aus Naturwissenschaft, Technik und Gesellschaft und vor allem die ständige Berücksichtigung von Denkfehlern und (Fehl-)Haltungen bei den Beteiligten, die den Lösungsprozess beeinflussen.

Die Systematische Heuristik entsprechend weiterzuentwickeln und wieder in der Öffentlichkeit bekannt zu machen, könnte in der aktuellen Bildungs- und Arbeitswelt auch helfen, den Begriff des Ingenieurs, wie er mit seinen ethischen, moralischen und kreativen Merkmalen zur Zeit von Johannes Müller existierte, wiederzubeleben. Unsere Gesellschaft hat das bitter nötig!

## 9. Dr.-Ing. Bernd Thomas

Bernd Thomas hat sich das Ziel gestellt, mit seinen langjährigen Erfahrungen mit der SH, Schüler aus MINT-Gymnasien an Kreativitätstechniken heranzuführen, und hat zur Unterstützung der Vermittlung von Kreativitätstechniken an MINT-Gymnasien einen entsprechenden Leitfaden entwickelt. Schon frühzeitig mit den Erfinderschulen vertraut, hat er dazu eigene Weiterbildungsveranstaltungen im Kombinat veranstaltet.

Nach dem Studium der Werkstofftechnik an der TH Karl-Marx-Stadt nahm er eine Tätigkeit im Bereich Forschung und Entwicklung im VEB Bandstahlkombinat Eisenhüttenstadt (jetzt Arcelor Mittal GmbH Eisenhüttenstadt) auf und ging ab 1995 als Projektverantwortlicher zur Electronic Data Systems Deutschland GmbH (EDS).

1982/83 besucht Bernd Thomas die KDT-Erfinderschule und 1986 begann er eine Ausbildung zum Erfinderschul-Trainer. Danach war er bis 1989 als Trainer und Co-Trainer tätig. Seit 2012 ist er Mitglied im Verein Brandenburgischer Ingenieure und Wirtschaftler e.V. (VBIW) und seit 2013 im „Ruhestand“. Bernd Thomas ist Vorstandsmitglied und Ansprechpartner für den Ortsverein Frankfurt (Oder) des VBIW.

*So weit ich mich erinnere, hörte ich von der Systematischen Heuristik das erste Mal während des Studiums an der Technischen Hochschule in Karl-Marx-Stadt, heute TU Chemnitz, in der gleichnamigen Vorlesung von Prof. Müller in dem Studienjahr 1969/70. Für uns Studenten war das eine neue Herangehensweise an die Problemlösung, die da vermittelt wurde.*

*Lag es nun an der Neuheit oder den formalen und teilweise sehr abstrahierten Darstellungen, dass wir alle unsere Probleme mit dem Verständnis dieser systematischen Vorgehensweise hatten.*

*Ungeachtet der Schwierigkeiten beim Verständnis der Methodik sind damals doch einige wichtige Handlungsweisen im Gedächtnis geblieben. Das sind einmal der Beginn der Problemlösung mit einer gründlichen Analyse der Aufgabenstellung und des Problemumfelds, die Frage, worum geht es eigentlich, und zum anderen der Übergang in eine höhere Abstraktionsebene, um gegebenenfalls zu einer besseren Lösung zu kommen.*

*Auf den ersten Blick scheint das nicht viel zu sein, in der weiteren beruflichen Praxis in Forschung und Entwicklung waren diese Kenntnisse doch sehr wichtig und haben bei der Lösung verschiedener Aufgaben sehr geholfen.*

*Als Anfang der 1980er Jahre die KDT-Erfinderschulen für Forschungskollektive in den Betrieben gestartet wurden, war es auch folgerichtig, dass ich mit zu den ersten Teilnehmern gehörte. In den Erfinderschulen erinnerte manches an die Vorlesung Systematische Heuristik in der Studienzeit. Die Art der Kenntnisvermittlung war jedoch sehr praxisnah und der Inhalt wesentlich verständlicher und besser in der Abarbeitungsfolge aufeinander abgestimmt.*

*Es war ein Erfolgsrezept der Erfinderschulen, dass an konkreten Themen aus der Praxis trainiert wurde. Es gelang, Niveau und Effizienz bei der Lösung wissenschaftlich-technischer Aufgaben und die Patentergiebigkeit deutlich anzuheben. Von Vorteil war sicher auch, dass die Teilnehmer der Erfinderschulen bereits Erfahrungen in der beruflichen Praxis hatten. Im Verlauf der 1980er Jahre wurden noch weitere Verbesserungen und Ergänzungen zur Problemlöse-Methodik erarbeitet und in das Schulungsprogramm aufgenommen.*

*Als positives Beispiel kann genannt werden, dass es im VEB Eisenhüttenkombinat Ost, in Eisenhüttenstadt, mit anderen Absolventen der im Unternehmen durchgeführten Erfinderschulen gelang, eine Arbeitsgemeinschaft „Erfindertätigkeit/Schöpfertum" zu gründen und diese Erfinderschulen weiterhin jährlich mit verschiedenen Arbeitskollektiven und zunehmend in eigener Verantwortung durchzuführen.*

*Es entstanden auch erste Kontakte mit Oberschulen zur Förderung begabter Schüler. Mit dem Ende der DDR endete leider auch dieses republikweite Weiterbildungskonzept. Geblieben sind Aktivitäten an der weiteren Gestaltung der Vermittlung von Fertigkeiten zur schöpferischen Lösung von wissenschaftlich-technischen Problemen durch privates Engagement einzelner Personen und die Durchführung vergleichbarer Schulungen durch kommerziell arbeitende Unternehmen oder Privatpersonen neben bereits bestehenden oder neu gegründeten Abteilungen in Universitäten und Hochschulen.*

*Der Verein Brandenburgischer Ingenieure und Wirtschaftler e.V. (VBIW), als Nachfolgeorganisation der KDT im Land Brandenburg, hatte bereits traditionell gute Beziehungen zu einzelnen Gymnasien. Darauf aufbauend entstand das ehrgeizige Vorhaben, in Zusammenarbeit mit einem MINT-Gymnasium in Frankfurt (Oder) ein Material zu erarbeiten, um die Schule bei der Vermittlung von Kreativitätstechniken und einer systematischen Herangehensweise zur schöpferischen Lösung von Problemen zu unterstützen.*

*Die eigenen Kenntnisse und Erfahrungen aus den Erfinderschulen waren hierbei entscheidend für die erfolgreiche Realisierung dieses Vorhabens. Vor allem die Erinnerung daran, dass damals auch nur ein grobes Verständnis des Inhaltes der Systematischen Heuristik das Interesse an einer systematisierten Problemlösungsmethodik geweckt hatte, gab die Sicherheit, die Methoden und Techniken auf den notwendigsten Umfang zu reduzieren und trotzdem für die Schüler das Grundanliegen verständlich zu machen und vielleicht die Neugier auf eine intensivere Beschäftigung mit dem Thema zu wecken. "*
*[64], [65], [66]*

## 10. Dipl.-Ing. Karl-Heinz Lachmann

Karl-Heinz Lachmann ist eigentlich kein Zeitzeuge für die SH (Abitur erst 1972), aber ein Zeitzeuge, wie schwer es später, nach Wegfall der Abteilung Heuristik, war, sich Grundwissen außerhalb der letztlich doch engen Möglichkeiten der Weiterbildung zur SH bzw. zu den von ihr infizierten Weiterbildungsformen wie Erfinderschulen bzw. ctc zu verschaffen.

*Mit meinem Beitrag habe ich gezögert, weil ich kein eigentlicher Zeitzeuge für die Systematische Heuristik bin, sondern zum wohlwollenden Interessenten wurde.*

*Auf Empfehlung von Herrn Prof. Dr.-Ing. Jürgen Albrecht aus Berlin war der Kontakt zur SH entstanden. Ihm habe ich vor allem den Zugang zur SH zu verdanken durch seine Website, die E-Mails und einige wenige Telefonate.*

*Auf seinen Tipp habe ich mir auf dem Antiquariats-Weg die Lehrbriefe zur SH besorgt, die das ZIS – Zentralinstitut für Schweißtechnik Halle – herausgegeben hat.*

*In Halle hatte ich an der Martin-Luther-Universität Halle/Wittenberg im Jahr 1972 an der Arbeiter-und-Bauern-Fakultät in den Franckeschen Stiftungen das Abitur abgelegt. Mein Studium an der TU Dresden beendete ich 1977 als Dipl.-Ing. für Landtechnik.*

*Am Ende des vergangenen Jahrhunderts stand ich vor einer beruflichen Neuorientierung. Nachdem ich bei der Rationellen Energieanwendung und im Presse-Großhandel gearbeitet hatte, wollte ich als Ingenieur tätig werden. Um mein Wissen aufzufrischen, belegte ich einen Lehrgang zur computergestützten Konstruktion, schrieb mich als Gasthörer an der TU Chemnitz in „Konstruktionslehre, Maschinenelemente und Gründungsmanagement" ein und nahm an einem Kreativitätssemester teil.*

*Mir war damals klar, dass eine notwendige Voraussetzung die Kompetenzen in der Lösungsfindung für Aufgabenstellungen und ein methodisches Vorgehen bilden, die über Erfahrung und die Methode „Versuch und Irrtum" hinausgehen. Deshalb besuchte ich auch die Vorlesung von Dr.-Ing. Hahn zur Systematischen Lösungsfindung im Herbstsemester 1998 an der TU Chemnitz, in der auch Herr Prof. Adler erwähnt wurde.*

*Im Jahr 2003 organisierte ich ein Kreativitätsseminar, das der Dipl.-Designer Karsten Mittag in seinem Atelier auf dem Lotterhof in Augustusburg durchführte.*

*Es hatte den Ansatz, ausgehend von einer präzisierten Aufgabenstellung Impulse aus der Musik und selbst angefertigte Tusche-Zeichnungen zu erhalten, die helfen, Lösungen für Problemstellungen beruflicher, zwischenmenschlicher und persönlicher Art zu finden.*

*Mehrjährige Anforderungen aus dem privat-familiären Bereich und ein anschließender beruflicher Neueinstieg gestatteten es mir leider nicht, mich der SH tiefgründig zu widmen.*

*Zu Hause bin ich in Erdmannsdorf. Dort gab es einmal den Gasthof „Kadow", in dem auch je ein „Klassentreffen" der Mitarbeiter der Abteilung SH von 1970 bis 1972 statt gefunden haben soll (hat!). Schon viele Jahre wird er nicht mehr genutzt, und der bauliche Zustand sieht nicht gut aus.*

*Seit 2001 bin ich im Home Office beruflich tätig in der Neukundengewinnung mit Telefon- und E-Mail-Marketing für einen Chemnitzer Sondermaschinen- und Anlagenbauer.*

*Die SH hat mich über zwei Jahrzehnte mehrmals auf verschiedene Weise tangiert.*

## 11. Prof. Dr.-Ing. habil. Günter Höhne

Günter Höhne begleitet seit Mitte der 1960er Jahre die Arbeiten von Johannes Müller und damit die SH seit den Vorarbeiten von Johannes Müller an der TH Ilmenau und später als Mitglied der MAKON-Gruppe. Als Konstruktionswissenschaftler hat er direkt mit an den Projekten der Abteilung Heuristik gearbeitet. Für unseren Band hat er den folgenden Beitrag verfasst.

## Johannes Müller und die Konstruktionsmethodik

von Günter Höhne

### Zusammenarbeit Müller – Hansen/MAKON 1965–1970

Johannes Müller wurde durch die Publikationen von Bischoff, Bock und Hansen auf die Ilmenauer Schule der Konstruktionslehre aufmerksam und nahm Kontakt zu Hansen auf, insbesondere wegen seiner „Konstruktionssystematik".

Hansen gründete 1965 eine interdisziplinär zusammengesetzte Forschungsgruppe. Vom damaligen Forschungsdirektor von Carl Zeiss Jena, Paul Görlich, erhielten wir im Beisein von Klaus-Dieter Gattnar, Leiter des Großforschungszentrums AUTEVO, den langfristigen Forschungsauftrag „Maschinelle Simulation konstruktiver Tätigkeiten" (MAKON).

Regelmäßig kam Johannes Müller nach Ilmenau, um mit den damaligen „wilden Jungen" (Bild 3.2) im Disput seine Ansichten und die der Gruppe MAKON zu schärfen. Ein wichtiges Ergebnis war seine Habilitation 1966 mit dem Konzept der Systematischen Heuristik.

1967 bezeichnete Johannes Müller erstmals die Konstruktionswissenschaft als eigenständige Fachdisziplin auf dem Internationalen

Wissenschaftlichen Kolloquium der TH Ilmenau[9]. Hansen war es gelungen, international anerkannte Fachkollegen einzuladen (z.B. Eder aus Großbritannien, Hubka und Dietrych aus Prag, Bauer, Brader, Wächtler, Richter, Steinwachs aus der BRD).

MAKON stellte dort seine ersten Ergebnisse vor. Das Hauptergebnis war die Kollektivdissertation der Forschungsgruppe MAKON [1], welche Friedrich Hansen in seinem letzten Buch *Konstruktionswissenschaft* [17] verarbeitete.

**Bild 3.2:** Forschungsgruppe MAKON (von links: Fritz Anschütz, Helmut Mehlberg, Peter Langbein, Viktor Otte, Friedrich Hansen, Manfred Fritsch, Günter Höhne)

---

[9]XII. Internationales Wissenschaftliches Kolloquium, H 12, Konstruktion, TH Ilmenau, 11.–15.09.1967.

## Meine Tätigkeit bei Robotron 1969–1973

Während Frisch, Otte und Langbein dem Ruf in das FLZ AUTE-VO folgten, wechselte ich als wissenschaftlicher Mitarbeiter (Konstruktionstechniker) zum Fachgebiet Geräte des Kombinats Robotron in die Abteilung Forschungsorganisation und war stellvertretender Abteilungs-Leiter. Es war die intensive Phase der Systematischen Heuristik. In Zusammenarbeit mit der Abteilung Heuristik unter Leitung von Johannes Müller hatte ich dort Gelegenheit, als methodischer Betreuer in zahlreichen Entwicklungsthemen auf dem Gebiet der Datenverarbeitung mitzuwirken [25].

Ausgestattet mit diesen Erfahrungen wurde ich 1973 an die TH Ilmenau als Nachfolger von Friedrich Hansen berufen. Zahlreiche Prinzipien und Programme Systematischen Heuristik flossen in die Arbeiten auf dem Gebiet der Konstruktionstechnik ein (Bild 3.3).

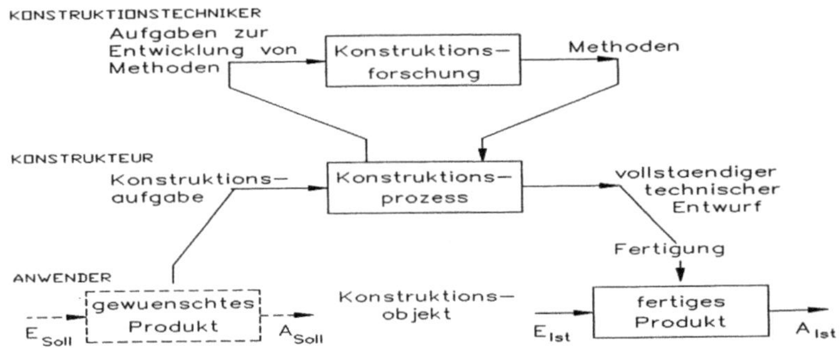


**Bild 3.3:** Modell der Handlungsebenen für die Konstruktionstechnik (nach [47], Bild 12.)

## Emeritierung, Wendezeit, Ladenburger Diskurs, „Bild und Begriff"

Im Ruhestand angekommen, nahm Johannes Müller sofort Kontakte zu seinen Fachkollegen in der BRD auf und besuchte sie persönlich. Dazu gehörten unter anderem Wolfgang Beitz (Westberlin), Gerhard Pahl (Darmstadt), Klaus Ehrlenspiel (München), Hans-Joachim Franke (Braunschweig).

Als im Mai 1989 Horst Aurich zum Rektor der IHS Zwickau gewählt wurde und er Gelegenheit hatte, Kollegen aus dem Ausland einzuladen, ist es der Weitsicht von Johannes Müller zu verdanken, dass die vier Genannten eingeladen wurden.

In Grünheide gab es ein inoffizielles Treffen der Kostruktionswissenschaftler der DDR und BRD. Insbesondere Wolfgang Beitz, Staatssekretär beim Senator für Wissenschaft und Forschung von Westberlin, drang darauf, dass „Konstrukteure" gleichbehandelt werden wie „Technologen", für die es damals schon Regelungen zwischen den beiden deutschen Staaten gab. Man vereinbarte das nächste Treffen für den Herbst 1989 in Ostberlin, was dann durch den Mauerfall im Institut von Beitz in Westberlin stattfand.

Dank der Initiative von Gerhard Pahl trafen sich in Ladenburg, Sitz der Daimler-Benz-Stiftung, der gleiche Kreis mit Psychologen und Pädagogen zum „Diskurs" über das methodische Konstruieren [50]. Johannes Müller berichtete über seine Erfahrungen mit der Systematischen Heuristik und stellte u.a. fest: „Praktiker haben keine Akzeptanzschwierigkeiten gegenüber Methoden und Methodik, aber sie müssen beim Gebrauch die ihnen gemäße 'Gangart' anwenden, individuelle Ausprägungen benutzen und so verfahren dürfen, wie sie 'das Zeug dazu haben'. Nur dann wird es auch effektiv".

Auch an den von Klaus Ehrlenspiel angeregten nachfolgenden Zusammenkünften unter dem Thema „Bild und Begriff" war Johannes Müller aktiv beteiligt und hat 1994 zur Eröffnung der Sitzungen in seiner bewährten Art erläutert, dass Ingenieure oft „Begriffe als 'Henkel' für komplexe Bilder" benutzen [36].

Abschließend sei noch eine Wertung von Friedrich Hansen zitiert. Er schrieb anlässlich der Emeritierung von Johannes Müller: „Sie haben die allgemeinen Darlegungen philosophischen Wissens mit großem Geschick und enormem Fleiß auf das Gebiet der Ingenieurarbeit übertragen und damit uns Ingenieuren einen unschätzbaren Dienst erwiesen". Dem kann man sich nur anschließen.


## 12. Dr.-Ing. Michael Herrlich

Michael Herrlich hat einen engen Bezug zur SH. Als *Verdienter Erfinder* und Cheftrainer der Erfinderschulen der DDR hat er nicht nur das Gedankengut der SH frühzeitig für sich erschlossen, sondern auch in vielen Lehrgängen und der Trainerausbildung genutzt.

Er wurde durch die Arbeiten und Erfolge von Johannes Müllers im ZIS Halle, in dem Müller sein Anwendungsfeld praktizierte, als selbst schon aktiver Erfinder mit Johannes Müller bekannt, nahm folglich an einem der Heuristik-Lehrgänge in Bärenstein teil und begann damit die aktive Nutzung der SH. Er benutzte sein Talent, seine Zuhörer zu begeistern, zur Weiterbildung für das Erfinden unter Einschluss der bei der SH vorgefundenen Methodiken. Aber mit dem Kennenlernen der Altschullerschen Ideen drängte er auf eine organisierte Weiterbildung für die F/E in der DDR. Das erreichte er schließlich mit dem Gründungsauftrag der Erfinderschulen zusammen mit weiteren Kollegen (siehe dazu [62]).

Hervorzuheben ist sein intensives Bemühen, die Erfinderschulen „über die Wende" zu retten. Dank seiner guten Kontakte zu den Chefs beider deutscher Patentämter ist es als Leipziger sogar zu einer Audienz bei Bundeskanzler Kohl gekommen. Allerdings blieb ihm dort nur eine clevere Antwort auf die abwertende Kohlaussage zu seiner Vorsprache: „Was aus dem Osten kommt, taugt nichts". „Aber Herr Bundeskanzler, die friedliche Revolution und Ihre Frau kommen aus Leipzig, dem Osten".

Die Erfinderschulen wurden folglich nicht weitergeführt. Michael Herrlich gründete die *Deutsche Erfinder-Akademie e. V.*, widmete sich der Verwertung seiner knapp 50 Patente und der Weiterbildung von Trainern in Deutschland, Österreich und der Schweiz. Als Zeitzeuge widmet er dem methodischen Erfinden – „Erfinder-Akademiegerecht" – seinen Beitrag.

## Erfinder sollten unkonventionell für den Erfolg denken und handeln

von Michael Herrlich

Erfinden ist mehr als nur eine geniale Eingabe zu haben und handeln. Am Anfang einer Erfindung steht eine Idee, oft genug recht spontan. Die sich anschließende Mühe, diese Idee in eine schutzrechtswürdige Form zu bringen, bleibt unbeachtet. Nur wer wenigstens einmal die Prozedur durchgestanden hat, weiß, eine Erfindung muss fünf vorgegebenen Kriterien entsprechen, um sich in der Tat Erfindung nennen zu dürfen. Die Diskrepanz zwischen Patentanmeldung und erteiltem Schutzrecht ist mit ein Indiz für Mängel dabei.

Besonders unverzeihlich ist ein Verstoß gegen das Erfordernis der Weltneuheit. Heute stehen auch dem „kleinen Erfinder" vielfältige

Recherchemöglichkeiten offen. Besonders trifft das für Forscher und Entwickler zu. Sie haben genügend Zeit und Potential, ihre Erfindung abzuchecken.

Problematischer ist da schon das Erreichen der sogenannten Erfindungshöhe, also des notwendigen Qualitätssprung über das Naheliegende, Aggregierbare hinaus. Im Unterschied zu vielen Geisteswissenschaftlern wird nämlich der Erfinder nicht für seinen Fleiß und seine Fehlervermeidung durch eine Patenterteilung honoriert, sondern für die weltneue, problemlösende Lehre. Dafür Ansätze zu finden ist erlernbar.

Meine bis 1970 zurückreichenden Erfahrungen der intensivsten Kreativitätsforschung besagen, dass mit dem üblichen kommunikativ-begrifflichen Denkstil meist nur Zufallserfindungen entstehen. Der Grund: Der Mensch denkt mit Sprache und in Bildern. Diese sind an das Bekannte und Heute gebunden. Die Folge: wirklich Neues entsteht selten. Deshalb ist unkonventionelles Denken und Handeln eine wichtige Voraussetzung, um anerkannte Erfindungen zu erschaffen. Zum niveauvollen Erfinden gehört daher das Training im funktionsbezogenen und vor allem problembezogenen Denken. Die Erfolge dieser Herangehensweise, die seit 1980 in Erfinderschulen trainiert wird, bestätigt das.

Das erfindermethodische optimierte, unkonventionelle Denken und Handeln darf sich jedoch nicht beim Erarbeiten der Erfindung erschöpfen. ... Meist fängt die nervenaufreibende Arbeit erst nach der grundlegenden Erfindung an. Der Teufel steckt bekanntlich im Detail. ...

Besonders vorsichtig muss der Erfinder sein, wenn alles von Anfang an läuft. Entweder besitzt er dann doch keine Erfindungshöhe oder er hat den allem Neuen innewohnenden „Wurm" noch nicht erkannt. Peinliche Rückrufaktionen mancher Hersteller in der Vergangenheit sind auch eine Folge davon.

Im erfindermethodischen Training wird deshalb Wert darauf gelegt, dass zwischen der Prinzip- und Detaillösungsphase schon Erprobung und Optimierung erfolgen. So sind auch die Kriterien Funktionsfähigkeit und Reproduzierbarkeit gesichert und einer erfolgreichen Patentanmeldung steht nichts mehr im Wege.

# Komplex 4: *Denkanstöße* – 50 Jahre nach Gründung der Abteilung Heuristik

## Inhaltsverzeichnis



## Zielsetzung für den Komplex „Denkanstöße"

Über die zwei intensiven Jahre 1970–72 hinaus haben die Systematische Heuristik und ehemalige Mitarbeiter viele Nachwirkungen erreicht und verschiedene Bereiche, z.B. Erfinderschulen, Kreativitätstraining des „ctc", die Konstruktionswissenschaft und Konstruktionstechnik, Aus- und Weiterbildung nachhaltig beeinflusst.

Aus der damaligen Zielstellung, den Ergebnissen und Erfahrungen und den Nachwirkungen lassen sich *Schlussfolgerungen* für die heutige Zeit ableiten.

**1.** So, wie damals eine neue Entwicklung mit einer deutlichen Leistungssteigerung der gedanklichen Arbeitsprozesse eingeleitet werden sollte (z.B. durch das NÖS), stehen wir heute z.B. mit der *Künstlichen Intelligenz* (KI) *„als dem momentanen Wandel auf ein neues Level der menschlichen Zivilisation"*[10] auch vor einer neuen Herausforderung. Dass *„Deutschland eine so große Industrienation ist, liegt daran, dass wir so viele Innovationen in früheren industriellen Revolutionen hervorbrachten. Damit wir so gut aufgestellt bleiben, müssen wir Teil von dieser neuen industriellen Revolution der KI sein."* (ebenda).

Nun ist das Thema KI nicht neu, aber in Deutschland findet sich zunehmend eine Situation vor, die nicht im bisherigen Maße ein einfaches „Weiter so" ermöglicht.

Während in China schon vor zwei Jahren die 1,3 Millionen Patente pro Jahr überschritten wurden, entwickelt Deutschland mit 50–60 Tausend Patenten pro Jahr zu wenig innovative Spitzenleistungen, um die heute noch bedeutende Stellung deutscher Erzeugnisse in Zukunft zu sichern. Das aber ist ein wesentlicher Schlüssel zu bisherigen Erfolgen, zu Wohlstand und zum Erhalt der Demokratie. In vielen bedeutenden Ländern wird intensiv und mit massiver Förderung von Wissenschaft und Technik bei der Erlangung der Marktfähigkeit der Innovationen gearbeitet.

Deshalb ist es eine zentrale Aufgabe, dieser internationalen Herausforderung – für die Wissenschaft und Technik sowie Bildung und Fortbildung eine sehr entscheidende Bedeutung haben – mit einer neuen Dimension und besonderen Initiative für Effizienz und Kreativität in den Problemlösungsprozessen zu begegnen. Das gilt ganzheitlich von der Aufgabenfindung über das Entwickeln origineller, neuartiger, wirtschaftlich relevanter und machbarer Lösungen

---

[10]R. Sacher. Lust auf Zukunft. Sächsische Zeitung, 15.02.2020.

bis hin zur Realisierung, Nutzung und dem Recycling. Die richtigen Wege und die geeigneten Mittel zu finden, erfordert Kreativität und Innovation von den Verantwortlichen. Siehe dazu auch die Ausführungen zu Patenten von Michael Herrlich auf Seite 189.

Deshalb gewinnen Erfahrungen aus ähnlichen Gegebenheiten an Bedeutung; wie z.B. auf damals neuartige Herausforderungen reagiert wurde, welche Fehler dabei gemacht wurden und wie die Entwicklung trotz allem weiterging, was auch offenblieb.

**2.**   Da auch durch andere Faktoren angestoßen wurde, die Erfahrungen der Systematischen Heuristik aufzuschreiben, sollen sie zugleich dazu dienen, Anregungen für neue Entwicklungen beizutragen, indem aus dem Prozess der Entstehung, Einführung, breiten Anwendung und Beendigung der Arbeit der hauptamtlichen Abteilung Heuristik und einiger indirekter Folgeprojekte Erkenntnisse und Erfahrungen für die aktuellen ähnlichen Aufgaben nutzbar gemacht werden.

**3.**   Ein weiterer zu beachtender Aspekt sind die ca. 50-jährigen Erfahrungen, die, ausgehend von der Systematischen Heuristik, mit Kreativitätstechniken sowie der Rationalisierung und Effektivierung von Forschungs- und Entwicklungsprozessen gewonnen wurden. Auch da haben wir viel gelernt und vieles von dem, was heute läuft, könnte bzw. müsste anders getan werden.

Natürlich müssen wir unsere Denkanstöße auch begrenzen, aber folgendes geben wir zu bedenken, weil wir sehen, dass diese Aspekte zu wenig beachtet werden.

# 1. Zum Schaffen einer „Agentur für Sprunginnovationen"

Diese Agentur in Leipzig soll sich für disruptive Innovationen in Wissenschaft und Technik der BRD stark machen. Das ist ein positiver, zukunftsweisender Auftakt. Dieser könnte für die neu angestoßenen oder anzustoßenden Wege sehr bedeutend sein.

Viel ist über diese neue Agentur (2019 gegründet) nicht zu finden, außer kernigen Vorhabenssätzen im Internetauftritt der Agentur.

*Mit Hilfe der nun gegründeten Agentur für Sprunginnovationen sollen in Deutschland verwertete Sprunginnovationen zu einem nachhaltigen Wirtschaftswachstum, zur Schaffung neuer hochwertiger Arbeitsplätze und zu einer signifikanten Verbesserung der Lebensqualität beitragen. Die Identifikation und Förderung von Forschungsideen mit Sprunginnovationspotential steht im Fokus der Agentur und ihrer befristet angestellten Innovationsmanager. Diese sollen aus Sicht der Gesellschaft bzw. der potenziellen Anwender und Nutzer „relevante Probleme" lösen.*

*Die Agentur versteht sich als Anlaufstelle für kreative Personen mit hochinnovativen Ideen für ein neues Produkt oder eine neue Dienstleistung mit marktveränderndem Potential. Das Gleiche gilt für interessierte Investoren, die sie laut eigener Aussage gern mit marktreifen disruptiven Ideen vertraut macht.*

*Das Konzept der Agentur sieht vor, dass, wenn die herausragenden Ideen erst gefunden wurden, Tochter-GmbHs gegründet werden sollen – mit der Agentur als Alleingesellschafterin und den Urhebern der Idee als Geschäftsführer, und der Bund soll die GmbHs mit Millionendarlehen ausstatten – damit aus den Ideen Sprunginnovationen werden können. (Quelle: Webseite der Agentur, September 2020)*

Aus den Erfahrungen mit der Gründung und dem Betrieb der Abteilung Heuristik mit deutlich bescheidener Ausstattung und kleiner vorgesehener Wirkungsbreite, aber ähnlich genereller Zielstellung ergeben sich aus unserer Sicht und Erfahrung nachfolgende *Denkanstöße* für die Agentur für Sprunginnovationen.

1. Voraussetzungen für ein effektives, langfristiges, nachhaltiges Wirken der Agentur sind einerseits ein kleiner kreativer, personeller Kern (eigene Forschungskapazität) mit reichhaltigen praktischen Erfahrungen aus Innovationsprozessen und mit visionärem Potential, der sowohl als Ideengenerator wirken oder Impulse zu Forschungsvorhaben leisten und auch selber nach ergiebigen Objektfeldern forschen kann sowie andererseits die Fähigkeit hat, Produktideen bzgl. ihrer Attraktivität und zukünftigen Erfolgsaussichten schöpferisch zu erkennen, zu bewerten und ihre Umsetzung bis zur Innovation im Markt zu fördern und zu unterstützen.
   Die führenden Technologiekonzerne haben auch nicht nur auf Zuträger gewartet, sondern selbst solche Felder aufbereitet, was ihnen dann u.a. auch ermöglichte, ihnen zugetragenen Ideen einzuordnen und aufzukaufen. Eine solche eigene Forschung ist kostengünstig und schafft (statt Hektik) zugleich ein innovatives Klima in der Agentur.
2. Nur auf externe Ideenanbieter zu setzen, kann bedeuten, verspätet zu sein. Es müssen erfolgsträchtige Felder mit Weitblick vorher ermittelt und dafür Interessenten (gesucht und) gewonnen werden, selbst wenn dabei viel (noch billige) Spreu sein kann und nicht alle Felder trächtig sind.
3. Die Agentur sollte eine Kreativitätstechnik betreiben, mit den Schwerpunkten innovative Problemerkennung, Aufgabenfindung und Widerspruchslösungen, Lösungsanalyse und Bewertung. Diese Schwerpunkte sind für Sprunginnovationen einfach ein

Muss. Mit diesem Konzept könnte sie auch im Vorfeld bei potentiellen Partnern als Weiterbildung wirksam werden.

4. Die Agentur zu führen und zu orientieren wie eine hochqualifizierte Bank für Innovationen (1 Mrd. Euro an Fördermitteln) kann allein den formulierten Anspruch an die Agentur nicht erfüllen.

Das Agenturteam benötigt zukünftig ein eigenes methodisches Verfahren zum Erkennen bzw. Einschätzen der Erfolgsaussichten der angebotenen oder gefundenen innovativen Lösungsansätze. Die Autoren haben über 20 Jahre an diesen Aufgaben (Einschätzung von innovativen Projekten für neue Produkte und Technologien) im Rahmen des Interessenspektrums der Kapitaldienstleister mitgewirkt. Anregungen hierzu bieten die Systemtechnik mit den verschiedenen Analyse- und Bewertungsmethoden und ein Verfahren zur „Technischen Bonität" von Unternehmen mit ihren innovativen Projekten, das von den Autoren entwickelt und genutzt wurde.

## 2. Zu Zahl und Umfang der Kreativitätstechniken (KT) – „weniger ist mehr"

Das Angebot zu KT-Systemen für die Aus- und Weiterbildung ist durch eine große Zahl unabhängig voneinander agierender Autoren aktuell sehr vielfältig. Dabei ist auch das Bestreben zu größerer Vollständigkeit, Spezifik und Detailliertheit zu erkennen, zunehmend mit dem Ziel besonders wirkungsvoll methodische Hilfen für die Nutzer zu schaffen.

Dieses Bestreben vieler Aus- und Weiterbildnern von KT aller Art, auch von Autoren und Anwendern usw., die *Zahl, Detailliertheit, Komplexität und Spezifik* der Methoden für die KT („Einzel"-KT wie den morphologischen Kasten oder KT-Systeme wie TRIZ, die in sich viele solcher Methoden integrieren) in vielfältiger Form fortschreitend zu erweitern, scheint der Hoffnung zu genügen, damit doch den kreativen Schluss, letztlich das Generieren der kreativen Idee vorgeben zu können bzw. dies mit einer dieser immer spezieller werdenden Vorgaben letztlich doch zu erreichen.

Dem ist aber nicht so! Sicher ist, gute KT führen an die kreative Lösung heran bis zur kreativen Suchfrage und den geeigneten Suchraum für die Lösungsfindung, und sie bieten mitunter auch „Kristallisationspunkte" für die Lösungsidee. Sie unterstützen das methodisch-systematische Vorgehen und das Finden des systematischen Weges. Das ist für effektives und kreatives Arbeiten immer relevant und zu unterstützen. Aber der unmittelbare Auslöser der kreativen, kompromisslosen (wenn keine Optimierungsaufgabe zu lösen ist) Idee ist bei dieser Weganleitung nicht hinreichend oder generell nicht mit enthalten (siehe den nachfolgenden Abschnitt 3). KT sind gute Hilfen, aber ersetzen nicht den kreativen Kopf, der die kreative Lösung generiert. Sie müssen anregen, nicht reglementieren, helfen und unterstützen, nicht ersetzen. Sie können damit das methodisch-systematische Vorgehen ermöglichen, statt des probierenden oder vorwiegend intuitiven Arbeitens.

Deshalb die vielfach bestätigte Erfahrung: Je mehr Methoden es werden, oder je spezieller, komplexer und determinierter die KT-Systeme sind (wie es z.B. bei der TRIZ zu beobachten ist), umso geringer ist die Chance für ihre Anwendung durch den Nutzer und damit das Fördern der Kreativität der Nutzer, weil die immer komplexeren Anleitungen letztlich bremsen statt den Ideenfluss anzuregen. Oder geht man davon aus, dass originelle kreative Lösungen durch diese immer detaillierteren Vorgaben entstehen?

*Dazu folgende Grunderfahrung* aus der Innovationspraxis sowie der Aus- und Weiterbildung: Für die Lösungsfindung reichen in der Regel ca. 6 bis 7 bewährte diskursive Methoden und einige Dialogmethoden. Dabei förderlich können ergänzend sein z.B. die Altschuller-Prinzipien, systematische Übersichten zu naturgesetzlichen Effekten und Wirkpaarungen, Variationsprinzipien. Unverzichtbar sind darüber hinaus die verschiedenen modifizierten Analysemethoden (z.B. System-, Funktions-, Funktionswertfluss-, Struktur-, Defekt- und Problem-Analysen) und Bewertungsmethoden und nicht zuletzt die Methode zum Präzisieren von Aufgabenstellungen.

Leider werden Analysemethoden oft *nicht* in den Vordergrund gerückt. Dabei sind sie nicht nur beim Start relevant, sondern sie sind auch das „Zielsuchgerät" und das „Instrument" für die Lösungskritik und -bewertung. Sie werden durch angebliche Lösungs-KT (z.B. Ideenfindungsmethoden) gern „verdrängt", sicher aus dem menschlichen Bedürfnis, schnell eine Lösung zu erreichen. Aber welche? Das erst klären doch die Analysemethoden!

Statt viele solche (Einzel-)Methoden *zu kennen*, reicht die oben genannte Anzahl nach unseren eigenen Erfahrungen völlig aus, aber diese dafür *sicher zu beherrschen und sicher anwenden* zu können, ist eine nötige Praxis.

Gerade zu den Analysemethoden gibt es zu viele Differenzen – ja es gibt Autoren, die Ideenförderung propagieren und keine Analysemethoden benennen oder demonstrieren. Aber ohne Analysemethoden darf gar keine Kreativitätstechnik propagiert werden. Sie sind nun einmal der notwendige Start für ein zielgerichtetes Arbeiten. Eigentlich logisch, aber ein notwendiger Hinweis, noch kein extra Denkanstoß.

Wir haben bei der Entwicklung der heuristischen Programmbibliothek selbst erlebt, dass die Steigerung von anfangs ca. 35 heuristischen Programmen auf über 100 Programme keinen erkennbaren Effektivitätssprung brachte. Die meisten Anwender begnügten sich mit dem ursprünglichen Methodenangebot. Auch eine wichtige Lehre aus unserer dann folgenden jahrzehntelangen Praxis.

Die wirksamsten Kreativität fördernden Methoden und Mittel der KT fundiert zu erkennen, praktikabel aufzubereiten und bis zur Verinnerlichung beim Nutzer zu trainieren, das wäre eine lohnende kollektive Initiative.

Wenn die angewandten Methoden fachgerecht und systematisch das Problem zuspitzen und die methodisch-systemwissenschaftliche Denk- und Arbeitsweise fördern, ist für die Lösungsfindung vieles erreicht. Mehr kann eine bloße Wegleitung, was die jeweilige Methode letztlich ist, nicht sinnvoll bieten. Sonst müsste sie z.B. auch das gesammelte Fachwissen für das jeweilige Thema bereithalten. Dann ist es aber keine methodische Hilfe mehr, auf die sich Methoden beschränken sollten, also an die kreative Lösung methodisch heranzuführen, sie nicht „bereitstellen".

*Denkanstoß:* Wenn das Prinzip von KT verstanden und verinnerlicht ist, reicht eine kleinere Anzahl von KT für den Nutzer völlig aus, ihn zu kreativen Lösungen anzuregen und ihm einen methodisch-systematischen Weg zu weisen.

Daraus ergibt sich für die Aus- und Weiterbildung der Schluss, nicht Aufweitung, sondern wenige KT vermitteln, aber dafür an realen Themen in den Problemlösungsprozessen erleben und trainieren. D.h. *weniger, das aber beherrscht, ist mehr* als die Darstellung einer Menge möglicher Wegleitungen. Je komplexer diese werden, umso unhandlicher und die Kreativität einengender werden sie, ohne tatsächlich besser zu werden.

Dieser Schluss ist so wichtig, dass er eine lohnende Initiative der vielen unterschiedlichen Anbieter von Methodensystemen sowie der Aus- und Weiterbildungsveranstaltungen auslösen sollte, die wirksamsten, kreativitätsfördernden Methoden und Mittel der KT (so wenig wie möglich, so viel wie nötig) fundiert zu erkennen und für die große Breite praktikabel nutzbar aufzubereiten (einfach, transparent, gut handhabbar, gut lehr- und lernbar). Für dieses Angebot ist dann zur Verinnerlichung beim Nutzer ein geeignetes, breitenwirksames Trainingskonzept zu entwickeln und umzusetzen.

Daraus ergibt sich für die Aus- und Weiterbildung der *Denkanstoß* als Forderung, nicht Aufweitung, sondern wenige KT zu vermitteln, dafür an *realen Themen* und Problemlösungsprozessen zu trainieren und so den tatsächlichen kreativen Prozess zu erleben. Das sollte eindeutig Vorrang vor der quantitativen Erweiterung des Methodenangebots bekommen und den Übenden deutlich gemacht werden, dass die Quantität nicht entscheidend ist, sondern der Umgang mit den sicher beherrschten Methoden. Vgl. dazu den Denkanstoß des folgenden Punktes.

## 3. Kreativität und Computereinsatz

Es gibt nicht wenig Hinweise, dass der Computer bei kreativen Prozessen einen wichtigen Platz einnehmen wird. Zweifellos! Aber ob er den kreativen Kopf des Menschen partiell ersetzen oder den kreativen Einfall simulieren kann?

Dazu lohnt es sich, den jetzt bekannten Vorgang einer kreativen Lösung zu betrachten, wenn das eingängige Modell von Kahneman [28] zutreffend ist. Dieser Vorgang lässt sich z.B. wie folgt darstellen. Wir nutzen dazu die Rezension zu [28] bei [62].

*Bisher wird durch die verschiedensten Vorgehensweisen, Empfehlungen (gar Regeln) und Methoden in der Regel der Wirkungsgrad der Arbeit – denken, entwerfen, suchen, berechnen, probieren, testen, ... – des/der mit dem Erzielen eines kreativen Ergebnis Befassten erhöht bzw. soll erhöht werden. Dabei sind die verschiedenen Vor-*

*gehensweisen und Methoden mehr oder weniger nahe zum kreativen Leisten, ohne es – selbst mit den erfolgreichsten – zu determinieren oder wenigstens nachvollziehbar dokumentieren zu können, obwohl seit über 2000 Jahren Anstrengungen in dieser Richtung verlaufen.*

*Offensichtlich sind u.a. die Originalität und Spezifik echt kreativer Ergebnisse außergewöhnlicher Kreativität – um die geht es hier und zwar auf dem Gebiet von Wissenschaft, Technik und Wirtschaft, weniger um künstlerische Kreativität oder gar um Alltagskreativität – auch die Gründe, dass diese zu einmaligen Ergebnissen hohen Niveaus führenden Vorgänge konkret nicht beobachtbar und damit nicht nachvollziehbar beschreibbar sind. Das verhindert wohl die nachvollziehbare Erfassung dieses Schrittes grundsätzlich. Der „kreative Schluss" ist offensichtlich selbst dem jeweiligen Kreativitäts-Autor oder Erfinder in einer Mischung von „Funktionieren des Wechselspiel von System 1 und 2" nach Kahneman [28] nicht genügend zugänglich, um ihn gut erfassen zu können. Das Zusammenwirken dieser Systeme erklärt evtl. dieses Phänomen. "*

Dazu sei etwas ausgeholt: Aus der Rezension zu [28] bei [62].

*System 1 (das schnelle Denken) hat die angeborene Fähigkeit ... unsere Umwelt wahrzunehmen, auf Gefahren schnell zu reagieren, Verluste zu vermeiden, ... unsere Aufmerksamkeit durch Aktivierung von System 2 (das langsame Denken) zu wecken – und auch durch langes Üben automatisierte Routinen auszubilden. Es kann Assoziationen zwischen Vorstellungen bilden, kann lesen und Nuancen sozialer Situationen verstehen.*

*Das Wissen ist im Gedächtnis gespeichert und wird ohne Intension und ohne Anstrengung abgerufen. Das System 1 arbeitet automatisch, ohne uns bewusst zu sein.*

*Das unwillkürliche System 1 ... erzeugt erstaunlich komplexe Muster von Vorstellungen, aber nur das langsamere System 2 kann in einer*

*geordneten Folge von Schritten Gedanken konstruieren ... System
1 arbeitet automatisch und schnell, weitgehend mühelos und ohne
willentliche Anstrengung ... System 2 lenkt die Aufmerksamkeit auf
die anstrengenden mentalen Aktivitäten, ... darunter auch komplexe
Berechnungen ...*

*Wenn wir an uns selbst denken, identifizieren wir uns mit System
2, dem bewussten, logisch denkenden Selbst, das Überzeugungen hat,
Entscheidungen trifft und sein Denken und Handeln bewusst kontrolliert. [28, S. 33]*

System 2 kann die Kontrolle übernehmen, indem es ungezügelte Impulse und Assoziationen von System 1 verwirft oder hervorhebt (als
bedeutsam erkennt!). System 2 erfordert Aufmerksamkeit für seine
Aktivität. Ist die gestört oder ist es überlastet, entstehen Fehler (Es
gibt ein Aufmerksamkeits*budget*! *„Die intensive Konzentration auf
eine Aufgabe kann Menschen blind für Stimuli machen, die normalerweise die Aufmerksamkeit erregen.* " (ebenda, S. 36).

System 1 und 2 sind immer aktiv; System 2 normalerweise im Modus
geringer Anstrengung mit nur einer Teilkapazität. System 1 liefert
Vorschläge für System 2, Muster, Eindrücke, Intensionen, Absichten
und Gefühle. Unterstützt System 2 diese Eindrücke und Intensionen,
werden sie zu Überzeugungen und willentlich gesteuerten Handlungen. System 2 kann logisch denken und so Vorschläge von System 1
überprüfen, was es aber nicht immer tut („ist faul", ebenda, S. 61),
sondern der intuitiven Aussage von System 1 „vertraut".

Normal akzeptiert System 2 alle Vorschläge von System 1. Gerät
System 1 in Schwierigkeiten, fordert es von System 2 eine genaue-
re Verarbeitung an, die das Problem möglicherweise lösen könnte.
System 2 wird auch mobilisiert, wenn es gegen das Weltmodell von
System 1 verstößt (ebenda, S. 38), wenn es z.B. „hüpfende Lam-
pen" sieht. Überraschung aktiviert Aufmerksamkeit und damit Sys-

tem 2. Dieses ist auch für die ständige Überwachung des Verhaltens zuständig, also, dass man höflich bleibt, auch wenn man Wut hat.

*...der größte Teil dessen, was Sie (Ihr System 2) denken und tun, geht aus System 1 hervor, aber System 2 übernimmt, sobald es schwierig wird, und es hat normalerweise das letzte Wort.*

*Die Arbeitsteilung zwischen System 1 und System 2 ist höchst effizient: Sie minimiert den Aufwand und optimiert die Leistung. Diese Reglung funktioniert meistens gut, weil System 1 im Allgemeinen höchst zuverlässig arbeitet: seine Modelle vertrauter Situationen sind richtig, seine kurzfristigen Vorhersagen sind in der Regel ebenfalls zutreffend, und seine anfänglichen Reaktionen auf Herausforderungen sind prompt und im Allgemeinen angemessen. Die Leistungsfähigkeit von System 1 wird jedoch durch kognitive Verzerrungen beeinträchtigt, systematische Fehler, für die es unter spezifischen Umständen in hohem Maße anfällig ist. (ebenda, S. 38)*

So unterliegt es Täuschungen, Illusionen, dem Einfluss von Priming, der Wiederholung u. a.

*System 1 verfügt über die nicht willentlich herbeigeführte Assoziationsmaschine, die die zu einem Kontext bei uns im Gedächtnis vorhandenen Vorstellungen aufruft, von denen uns dabei nur ein Bruchteil bewusst wird, aber zu dem Kontext potentielle Antworten bereitstellen kann.*

Damit kann geschlussfolgert werden, die zur Auswahl für System 2 stehenden „Muster" sind unwillkürlich entstanden.

Nur System 2 ist uns willentlich zugänglich. System 1 arbeitet automatisch, kann nicht abgeschaltet werden und ist unwahrscheinlich schnell. Z.B.: Sie öffnen die Augen und das 2-D-Bild Ihres Augenhintergrundes wird vom System 1 sofort in ein 3-D-Bild des betrachteten Raumes umgewandelt, wo jedes Objekt seinen Platz mit

allen Raumbeziehungen hat (vor-, über-, neben-, nacheinander, ...),
jedes zugleich als bekanntes oder unbekanntes Objekt konkret iden-
tifiziert und noch eine Einschätzung der Raumsituation (normal,
verschmutzt) mit Handlungsempfehlung („alles ok") gegeben wird.
Das ist *„das, was wir normalerweise Sehen und intuitives Denken
nennen. "* (ebenda, S. 31).

Es kann wieder geschlussfolgert werden: Während das System 1 ra-
send schnell viele Muster entwirft, auch unsinnige bis evtl. kreative,
muss das System 2 die Beurteilung dazu übernehmen und mit seinem Mittels auswählen und so erkennen, was als kreatives durchge-
hen könnte.

Als Ergänzung hier schon der Bezug zu Kreativitätstechniken, die
sowohl System 1 (Anregung für Musterentwurf, ...) als auch 2 (Mittel
zur Auswahl geeigneter Muster z.B. durch Präzisierung der Anforderungen an eine Aufgabenstellung, u. a.) unterstützen können:

Interessant für die Anwendung der Kreativitätstechniken ist die
Aussage [28, S. 50] ausgehend von dem *allgemeingültigen Gesetz
des geringsten Aufwandes für kognitive wie auch für physische Anstrengungen*:

*Je mehr Geschick man bei der Lösung einer Aufgabe entwickelt, um-
so weniger Energie muss man für sie aufwenden ... dass sich das mit
einer Handlung verbundene Aufmerksamkeitsmuster mit der Fertig-
keit verändert ... Begabung hat ähnliche Wirkungen. Hochintelli-
gente Menschen lösen die gleichen Probleme müheloser ... (ebenda, S. 50). Das spricht für die konsequente Nutzung von Kreativitätstechniken, die ein „optimiertes Geschick" für Lösung der jeweiligen Aufgabe anbieten!*

Dieses Zusammenwirken ist offensichtlich für den Menschen sehr
vorteilhaft, aber für die Aufklärung des kreativen Schlusses, das Erfassen des kreativen Kerns ein bedeutendes Hindernis, an dem sich

auch die Digitalisierung die Zähne/Bits ausbeißen wird, wenn – wie oben erläutert – gilt: *„System 1 liefert Vorschläge für System 2, Eindrücke, Intensionen, Absichten und Gefühle. Unterstützt System 2 diese Eindrücke und Intensionen, werden sie zu Überzeugungen. "* Danach wäre die Quelle einer kreativen Idee im schnellen System 1 angesiedelt, das uns willentlich nicht zugänglich ist, und sie braucht zum Erkennen das Zusammenspiel mit System 2.

Daraus ließe sich der Schluss ziehen, für den Computer ist ein anderes Vorgehen nötig als eine Simulation des in unserem Kopf ablaufenden kreativen Prozesses. Ein weiterer Schluss: ein tatsächlich integriertes Zusammenwirken erscheint unwahrscheinlich.

Also, wenn wir keine Change sehen, diesen (unbewussten) Vorgang im System 1 zu beschreiben, zu erfassen und den Vorgang im System 2 bisher im entscheidenden Detail („Das Verstehen, Erkennen der kreativen Idee aus der Fülle der angebotenen") nicht konkret bestimmen können, sind die Hoffnungen, sie technisch nachvollziehen zu können, sehr gering. Dann bliebe z.B. doch, für „Kreativität aus dem Computer" einen anderen Weg zu gehen als ihn der Mensch geht. Wäre das nachdenkenswert (wie es Lullus mit seiner Vorrichtung schon versuchte) oder nicht?

Trotz dieser Unbestimmtheiten spricht das nicht gegen die methodisch-systemwissenschaftliche Denk- und Arbeitsweise, aber gegen ein generell intuitives Vorgehen. Der Ansatz der Idee entsteht zwar intuitiv im System 1, nachdem auf dem entscheidenden methodisch-systematischen Weg das Feld für die Ideenproduktion von System 1 aufgespannt und das System 2 empfänglich „gemacht" wurde. Entscheidend ist, dass dieser Ansatz der Idee durch das System 2 als tragfähig erkannt wird, um ihn dann mittels der logischen Operationen (z.B. systematisches Prüfen der Vorgaben, ...) bewusst zur Idee zu machen.

*Denkanstoß:* nicht zuviel Kapazität für den Versuch, den Vorgang des Menschen für den Computer zugänglich zu machen, dafür mehr Kapazität – oder überhaupt welche – um das „Manövrieren", das flexible, schöpferische Arbeiten mit Methoden und ihre „Verinnerlichung" besser aufzuklären.

Dieser Denkanstoß nach dem Kahnemanschen Modell liegt darin begründet, dass das Wechselspiel von System 1 und 2 von Kreativitätstechniken unterstützt, aber nicht ersetzt werden kann, da die tatsächlich entscheidenden Vorgänge als unbewusste Vorgänge für eine kreative Lösung nicht beobachtbar und beschreibbar sind. Also sollten auch keine Anstrengungen unternommen werden, durch zuviel vorgegebene, aber letztlich mit Pseudo-Wirkung versehene Vorschriften, Regelungen und Komplexität – statt Unterstützung und Anregung – Reglementierung zu produzieren.

## 4. „Verinnerlichen" von KT oder das Handling und Manövrieren bei ihrer Anwendung

Aus den bisherigen Ausführungen lässt sich ein weiterer *Denkanstoß* für Vermittlung und Anwendung von KT ziehen: Die entscheidende Anregung kommt offensichtlich aus dem unbewussten System 1, die das System 2 verstehen muss. Da KT durch Klärung der Problemlage den Bezugsraum deutlich „zuspitzen" können, helfen sie samt methodisch-systemwissenschaftlicher Denk- und Arbeitsweise sicher dem System 1 beim Produzieren von Vorschlägen, was aber willentlich nicht erreicht werden kann. Da kann eine zufällige „blaue Tafel" genauso anregend sein! Daher sollte eine Programmvorschrift nur den Bezugsraum klarer fassen und nicht versuchen, z.B. die intuitiven Vorschläge selbst vorzugeben. Schon die mögliche Vielfalt würde einen Text ungeheuer erweitern, was im konkreten Fall trotzdem völlig abwegig sein kann und mehr hindert als nützt.

Für das Produzieren von Vorschlägen *und* deren Verstehen kann aber das vorn benannte Handling und Manövrieren bei der Anwendung von KT wahrscheinlich recht anregende Bedeutung haben, z.B., um den Bezugsraum zu wechseln, neu zu begrenzen und anderes mehr. Analog ist das „Verinnerlichen" des Methodeninhaltes im Komplex 1 zu verstehen.

Um dieses Manövrieren wenigstens im Ansatz zu begreifen, sollte z.B. im Training von KT an realen, allen – auch den Trainern – noch unbekannten Aufgabenstellungen (Lösungen) geübt werden, also nicht nur an „fertigen" Beispielen. Bei realen Aufgabenstellungen können solche Situationen entstehen, die das Manövrieren realisieren und folglich lernend beobachtet werden können.

Daraus ergibt sich der nächste *Denkanstoß* bezüglich Aus- und Weiterbildung: geübt werden soll an Aufgabenstellungen, deren Lösung noch unbekannt ist. Das dauert sicher länger als ein fertiges „Retorten"-Beispiel, gibt aber erst die konkrete reale Anwendung von KT wieder und kann das „tiefere Verstehen" von KT ermöglichen, wenn das der Trainer bringt. Selbstverständlich können auch „Retorten"-Beispiele zur Demonstration nützlich sein.

Diese Verinnerlichen bzw. Manövrieren ist quasi die hohe Schule der Anwendung von KT und hat einen wirksamen Bezug zum und beim Finden der kreativen Idee – so wenigstens unsere langjährigen Beobachtungen. Es sollte daher eine Förderung dieser Fähigkeiten angestrebt werden.

Dem kommt entgegen, dass diese beiden Begriffe eigentlich nur Ausdruck für zwei Seiten derselben Medaille sind: Das Verinnerlichen benennt einen Weg zum Erarbeiten dieser Fähigkeit, das Manövrieren deren Nutzung im jeweiligen Fall. Natürlich hat jeder Begabte auch einen eigenen Vorrat an Manövrierverfahren, aber die Häufigkeit kreativer Lösung zeigt, dass das durchaus gesteigert werden sollte.

## 5. „Alternativlos" ist destruktiv

Alternativlos könnte eigentlich nur eine Gegebenheit für eine bestimmte Person oder Organisation sein, die Erwartungen hat, dass die Gegebenheit nur auf eine Weise erfüllt wird oder werden kann. Letztlich also ist damit wohl gemeint, meine Forderungen und Erwartungen werden anders nicht erfüllt, also mache ich das andere nicht oder will es nicht. Damit ist es aber nicht alternativlos, denn es kann „so sein oder nicht so sein". Eigentlich uninteressant, wenn es nicht die Widerspruchsproblematik gäbe.

Schon die Formulierung „es kann/sollte/müsste so sein, kann/sollte/müsste aber nicht so sein", verweist auf eine Hilfskonstruktion, die zur Ermittlung des Widerspruchs angewendet wird. Und da beginnt dieses destruktive „alternativlos" interessant zu werden, denn es könnte einen Widerspruch verbergen, den die Person oder Organisation nicht erkennt oder sich nicht zu lösen zutraut, und deshalb einen Lösungsansatz verweigert und „alternativlos" auf die eine Variante setzt.

Der Denkanstoß ist, statt die destruktiven Aussage „stehen zu lassen", die Gegebenheit, das Problem, die Erwartungen und Forderungen weiter im Komplex zu analysieren, um evtl. den Widerspruch zu finden und einer Lösung zuzuführen. Denn das Erkennen des Problems und das Ermitteln des Widerspruchs ist schon eine „kleine Sternstunde", bzw. die „halbe Lösung" und damit ein wichtiger Schritt zu einer oft genialen Lösung. Schon um den Optimismus beim Lösen von komplizierten Sachlagen zu wahren, sind es Aufwand und Versuch wert.

## 6. Schon im Physikunterricht der Schule die Widerspruchsproblematik erklären

Es ist einfach notwendig, dass schon Schüler erfahren, welche Bedeutung eine „Widerspruchslösung" haben kann, und nicht nur übernehmen, was ihnen von klein auf eingeprägt wurde: „Du sollst nicht widersprechen". Gut, manchmal ist das auch richtig, aber als Grundhaltung zu kreativem Vorgehen falsch. Dabei kommt es (noch) nicht auf die Fähigkeiten an, dass Schüler einen Widerspruch lösen können.

*Denkanstoß:* Sie sollen erstmal den Begriff konstruktiv aufnehmen und erkennen können, dass Widerspruchslösungen möglich, in der Technik gang und gäbe sind, für die Entwicklung von Wissenschaft und Technik große gesellschaftliche Wertigkeit besitzen und letztlich auch von ihnen lösbar sind.

Das Wort „Widerspruch" ist umgangssprachlich „ungünstig" besetzt. Wer hat schon gern einen Widerspruch zu lösen! Das geht doch gar nicht, oder? Ein Widerspruch liegt z.B. dann vor, wenn etwas zugleich „offen und geschlossen" sein soll oder „kalt und warm". Eine Widerspruchslösung fordert, dass nicht „halboffen" oder „lauwarm" als Ergebnis akzeptiert wird.

Es darf nicht sein, dass ein Hochschulabsolvent nicht weiß, welche Bedeutung Widersprüche für Innovationen haben. Einen Widerspruch zu lösen bedeutet, eine hoch anspruchsvolle Lösung bei (mindestens) zwei gegenläufigen Faktoren zu finden, die beiden Faktoren genügt und sie nicht durch einen Kompromiss abschwächt. Aber letzteres wird gern gelehrt als ach so freundliche „Optimierung", die alle Gegensätze zudeckt.

Der Begriff „Optimum" (das Beste) für eine solche Kompromiss-Zielstellung führt in die Irre, es müsste Kompromiss oder Me-

lioration heißen, denn die gegenläufigen Faktoren werden für die
Lösung gegenseitig „verstümmelt". Das Beste erfordert eine Widerspruchslösung, siehe Bild 4.1.

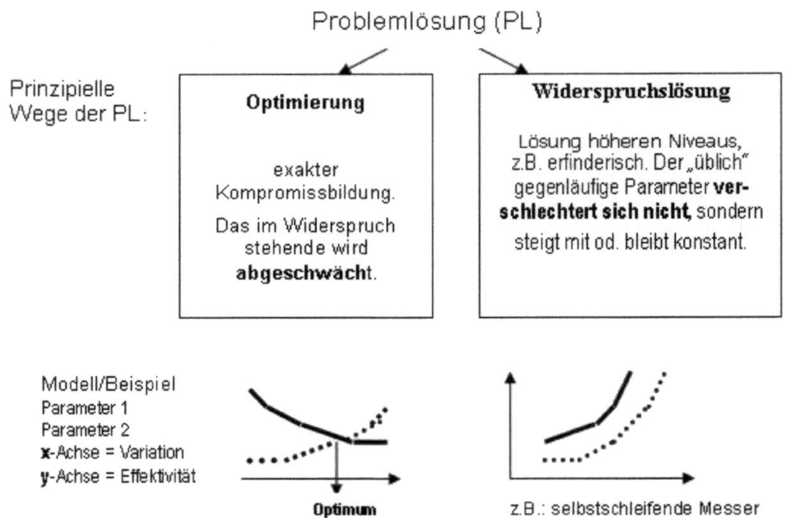


**Bild 4.1:** Kompromissbildung als Optimierung oder
Widerspruchslösung

Das wird aber kaum gelehrt, und viel zu verbreitet ist, dass Widersprüche nicht lösbar (alternativlos) sind oder wenn lösbar, dann
nur mit Kompromissen: Das ist aber nicht so, Ganz im Gegenteil,
das Erkennen eines Widerspruchs in einer konkreten Entwicklungs-
situation ist eine Sternstunde für Innovationen und Erfindungen.
Erst eine Widerspruchslösung bringt *eine neue Qualität*, technisch
die Basis für ein Patent.

Für die Erläuterung und Darstellung von Widersprüchen können aus Zeitgründen auch Denksportaufgaben genutzt oder beim Vorstellen technisch-physikalischer Vorgänge (z.B. bei der Ausdehnung von Materialien im Beispiel Pendel) auf die Widerspruchslösung (Pendellänge trotz Ausdehnung konstant halten, z.B. bei großen Pendeluhren – das Rostpendel) verwiesen werden.

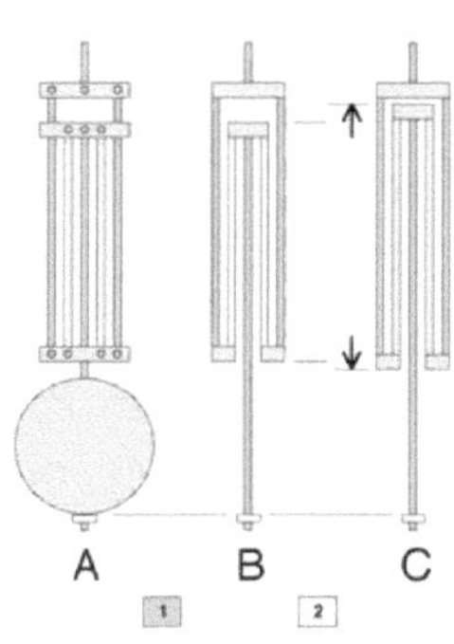

*Das Rostpendel ist ein Kompensationspendel und wurde 1726 von Harrison erfunden. Es besteht aus einer Zusammenstellung von Stahl- und Messingstäben, die an einem unteren und einem oberen Steg wechselweise befestigt sind. Die Ausdehnung der Stahlstäbe nach unten wird ausgeglichen durch die Ausdehnung der Messingstäbe nach oben, womit die Gesamtlänge bei Temperaturschwankungen weitgehend konstant und die Pendellinse stets in gleicher Höhe bleibt.*[11]

Das löst den Widerspruch. Das Pendel darf sich wegen der Ganggenauigkeit nicht ausdehnen, muss sich aber ausdehnen infolge der sich ändernden Umgebungstemperatur.

Bei der Behandlung z.B. des gleichseitigen Dreiecks in Mathematik bietet sich als verständliches Beispiel für eine Widerspruchslösung folgende Denksportaufgabe an:

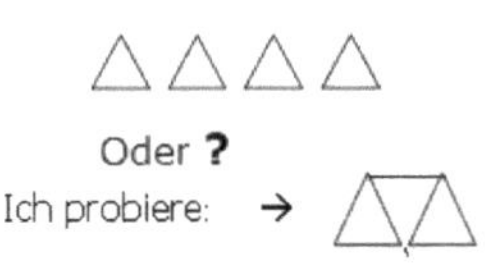

„Mit 6 Streichhölzern vier gleichseitige Dreiecke darstellen!" (das lässt sich gut ausschmücken, hier nur der Extrakt). Eigentlich brauche ich für vier Dreiecke $4 \cdot 3 = 12$ Hölzer.

---

[11] Siehe `https://watch-wiki.org/index.php?title=Rostpendel`.

Ich habe erst drei Dreiecke und schon sieben Streichhölzer verbraucht! *Analyse* dieses Ergebnisses: setzte ich das vierte Dreieck dran, bin ich bei 9 Hölzern, 50% mehr als die Vorgabe. Ich habe ja nur 6, wenn ich keinen Kompromiss will (ginge ja auch, kostet *nur* etwas mehr, hier 50%). Besser also einen Widerspruch lösen!

Aber wie? Wir kommen zu dem Schluss: bei 6 Hölzern muss *jedes* Holz zwei Dreiecken dienen! Bei Altschuller (Prinzip 17) nachlesen! Oder weiter überlegen: Der Schluss scheint richtig! Also weiter! Eine andere Basis *als üblich* gedacht, ermöglicht, dass *jedes* Holz zwei Dreiecken dient. Also muss ich das erste und das letzte Dreieck verbinden; das geht nur, wenn ich in die dritte Dimension gehe (Altschullers Prinzip 17), also eine Pyramide baue!

*Denkanstoß:* solche oder andere Beispiele für Widerspruchslösungen können deren Grundverständnis ermöglichen und damit eine breite Aufgeschlossenheit für Widerspruchslösungen schon bei Jugendlichen fördern, was einer intensiven Kreativitätsförderung sehr dienlich ist.

## 7. Genialität und methodisch-systematisches Arbeiten

Auch genial erscheinende Ideen erfordern zu ihrer Verifizierung methodisch-systematisches Arbeiten und weiterhin viel Kreativität. Die generierten Ideen zur Lösung des Widerspruchs oder des Problems erfordern neben Fachwissen für die weitere Bearbeitung ein geniales, vorausschauendes Denken, Vorstellungskraft, Gedankenexperimente usw., um zu erkennen, ob die Idee in ihrer Wirkung im Gesamtsystem nachhaltig, attraktiv, machbar und letztendlich wirtschaftlich interessant sein könnte.

Dieser Schritt, bei dem neue Hindernisse und Herausforderungen sichtbar werden können, erfordert eine äußert optimistische, progressive und mutige Haltung. Im Bearbeiterteam entstehende Konflikte erfordern zur Aufrechterhaltung einer kreativen methodisch-systemwissenschaftlichen Denk- und Arbeitsweise in diesem Spannungsfeld ein gutes, fachlich bezogenes Konfliktmanagement. Das Team benötigt dafür ein hohes Maß an sozialer Kreativität. Auch in dieser Phase kann ein Moderator hierzu einen wirksamen Beitrag leisten.

*Denkanstoß:* Die Effektivitäts- und Kreativitätssteigerung erfordert die ganzheitliche Anwendung der KT und der methodisch-systemwissenschaftlichen Denk- und Arbeitsweise im gesamten Innovationsprozess. Das gilt *einerseits* für den Problemlösungsprozess von der Problemerkennung bis zum Erkennen der Erfolg versprechenden innovativen Problemlösung und *andererseits* von der innovativen Lösung über den technischen Entwurf, die Verifikation der Lösung, die Herstellung, Erprobung bis hin zur Anwendung beim Nutzer und zu einem geeigneten Recyclingkonzept.

In dieser Prozesskette ist die radikale Widerspruchslösung ein kleines, aber wichtiges Glied, das jedoch erst durch die Folgeprozesse zur Geltung kommen kann (vgl. z.B. Herrlich, S. 186).

## 8. Die kreative Lösungsfindung kann in mehreren Richtungen notwendig sein

Die kreative Lösungsfindung ist nicht nur für den Übergang von der geforderten Funktion zu einer kreativen Lösungsidee für die Funktionserfüllung und innovative Systemstrukturen notwendig und wichtig, sondern auch umgekehrt für das Suchen von kreativen Anwendungsfeldern und -möglichkeiten für bekannte Prinzipien, naturwissenschaftliche Effekte, Wirkpaarungen relevant. Auch für diesen Fall der innovativen Lösungsfindung werden Kreativität, vorausschauendes Denken und diskursive Methoden (z.B. die Feldforschungsmethode), Intuition und Analysetätigkeit benötigt.

*Denkanstoß:* Durch eine einseitige Orientierung der KT nur auf das Finden der radikalen Widerspruchslösung werden bedeutende Chancen für die Anwendung der KT für die Anwendungsforschung und das Finden von innovativen Problemsachverhalten und Aufgabenstellungen nicht oder nicht hinreichend genutzt.

## 9. Hindernisse für Kreativität und Innovation

Hindernisse für Kreativität und Innovation sind nicht auf Schwächen und Mängel von KT-Systemen und ihre Anwendung im Problemlösungsprozess beschränkt. Die Vielfalt dieser Hindernisse ist extrem groß. Je „radikaler" die innovative Lösung ist, desto größer sind die Widerstände und Herausforderungen bei der Umsetzung. Das gilt besonders für Sprunginnovationen.

Für die Durchsetzung neuartiger Lösungen ist die Auseinandersetzung mit den möglichen Hindernissen schon beginnend im Problemlösungsprozess beeinflussbar bzw. zu beachten. Viele Aspekte sind schon beim Präzisieren der Aufgabenstellung erkennbar. Die Hindernisse müssen bei der folgenden Begleitung des Innovationsprozesses weiterhin gezielt und systematisch, eventuell mit Rückkopplungen in den Problemlösungsprozess, behandelt und überwunden werden.

Typische Hindernisse im Innovationsprozess hat z.B. Matthias Heister [19] gründlich untersucht. Relevante Hindernisse können z.B. sein:

- Ungenügender Reifegrad der zur Umsetzung vorgelegten Lösung, funktionelle Mängel; die grundlegende Herstellbarkeit, Montage usw. wurde nicht im erforderlichen Maß durchdacht.
- Nicht hinreichend fundierte und nachvollziehbare kritische Bewertungen der Lösungen.

- Risikobereitschaft und hohes Anspruchsdenken im Entscheidungsprozess fehlt.
- Die gebildeten Arbeitspakete komplexer innovativer Aufgabenstellungen können durch Vergabe bei notwendiger Arbeitsteilung an verschiedene Stellen mit unzureichenden Informationen bei der Synthese zur Gesamtlösung die Machbarkeit der Lösung verhindern.
- Eine ungenügende Verknüpfung von F/E, Innovationsmanagement, Herstellung und Marktzugang bewirken Barrieren.
- Das Verständnis und die Akzeptanz für das Neue können durch unzureichendes Wissen, ungenügende Fähigkeiten, Verkennen der Zusammenhänge u.a. unzureichend sein.
- Unzureichende technische Voraussetzungen, Ressourcen, Qualifikation und Umstellungserfordernisse in allen Bereichen des Unternehmens, einschließlich der Zulieferketten, müssen frühzeitig erkannt werden.
- Kommunikationsabstand zwischen Innovationsmanagement und Marktzugang, Marktlage unzureichend, die Nachvollziehbarkeit ist nicht gegeben.
- Fremde Lösungsideen lassen sich beim Verwerter schwer umsetzen, wenn nicht die rechtzeitige Einbeziehung in die Entwicklung gelingt und das „Klima" für Innovation mit größeren Veränderungen und Herausforderungen nicht vorhanden ist.

*Denkanstoß:* Die vorausschauende Beachtung der möglichen Innovationshindernisse kann und muss im Problembearbeitungsprozess bei den geeigneten Arbeitsschritten einbezogen werden. Nach der Gewinnung der erfinderischen Lösung erfordert das Erkennen und Lösen von Innovationshindernissen in den „Lebensstufen" der Erfindung von der Entwicklung bis hin zur Realisierung, Nutzung und zum Recycling in der Regel wiederum anspruchsvolle kreative Leistungen. Auch für diese Phasen haben die Methoden zur vorausschauenden Prozessanalyse, Aufgabenfindung, für das Präzisieren der Aufgabenstellung, die progressiv-kritische Analyse der Lösungsideen und die Bewertungsprozesse der innovativen Lösungen eine große Bedeutung.

# Stichwortverzeichnis

# Literatur


[1] Fritz Anschütz, Manfred Fritsch, Günter Höhne, Peter
Langbein, Helmut Mehlberg, Viktor Otte. Beiträge zum
Konstruktiven Entwicklungsprozess. Dissertation. TH
Ilmenau 1970.

[2] Genrich S. Altschuller. Erfinden – (k)ein Problem. Verlag
Tribüne, Berlin 1973.

[3] Fritz Böhle, Margit Weihrich (Hrsg.). Handeln unter
Unsicherheit. Verlag für Sozialwissenschaften, Wiesbaden
2009.

[4] Peter Borowsky. Die DDR in den 1960er Jahren.
Informationen zur politischen Bildung, Heft 258.
Bundeszentrale für politische Bildung, Bonn 2002.

[5] Hans Joachim Buggenhagen, Klaus Henning Busch.
Wissenschaftliche Begleitung von Modellversuchen und
Projekten der beruflichen Aus- und Weiterbildung –
Methodik und Organisation. Trafo Verlag, Berlin 2000.

[6] Klaus Henning Busch, Werner Preisler. Lösungsermittlung
wissenschaftlicher Problemstellungen. Lehrbrief 11 in der
Reihe *Grundlagen des wissenschaftlich-technischen
Schöpfertums in F/E-Prozessen*. Bauakademie der DDR und
Carl Zeiss Jena 1983. Hrsg. von Volker Heyse, Jürgen
Bausdorf (im Weiteren *Grundlagenreihe*).

[7] Klaus Henning Busch. Projektintegriertes Lernen in der
beruflichen Weiterbildung In: itf-Schriftenreihe
„Weiterbildung in der Region". Schwerin 1998, Nr. 18, S.
3-15.

[8] Klaus Henning Busch (Hrsg.): Innovationen erfolgreich realisieren: erfinden lernen – lernend erfinden. Berlin 2003. ISBN 978-3-89626-451-0.

[9] Klaus Henning Busch. Lehren und Lernen mit Humor. 2., neu gestaltete Auflage. Verlag epubli, Berlin 2019.

[10] Klaus Henning Busch. Technisches Schöpfertum – Impulse aus der Zusammenarbeit der Partnerstädte Riga und Rostock. 2020. ISBN 978-3-7529-4335-1.

[11] Erik Busch, Klaus Becker, Peter Bier, Klaus Henning Busch. Das Imkerwesen in Herzogenaurach – Tradition und Innovation. Trafo Verlag, Berlin 2020 (im Druck).

[12] ctc (creativ training center). Schriftenreihe zur Kreativitätsförderung in Forschung und Entwicklung. Trainingszentrum für wissenschaftlich-technische Kreativität. Trainingsmaterial in 18 Lehrbriefen. Bauakademie, Berlin 1987/1988.

[13] Hans-Dieter Eilhauer. F/E-Controlling. Grundlagen, Methoden, Umsetzung. Gabler Verlag, Wiesbaden 1993.

[14] Rolf Frick. Designmethodik. Halle 1982.

[15] Rolf Frick. Erzeugnisqualität und Design. Zum Inhalt und Organisation polydisziplinärer Entwicklungarbeit. Verlag Technik, Berlin 1992.

[16] Klaus-Dieter Gattnar. Über die Problematik der Simulation konstruktiver Tätigkeiten. Berlin 1963.

[17] Friedrich Hansen. Konstruktionswissenschaft. Verlag Technik, Berlin 1974.

[18] Matthias Heister (Hrsg.). Erfahrungen mit Erfinderschulen. Ein aktueller Bericht für das ganze Deutschland, seine Unternehmer, Ingenieure und Erfinder. DABEI-Material Nr. 9, Berlin/Bonn 1993. ISBN 3-930903-03-2.

[19] Matthias Heister. Bildung Erfindung Innovation. Band 2. Verlag Iduso, Bonn 2013.

[20] Michael Herrlich, Gerhard Zadek. KDT-Erfinderschule – Lehrmaterial, 2 Teile. Berlin 1982.

[21] Michael Herrlich, Peter Koch. Entstehung und Entwicklung von Erfinderschulen. In [62].

[22] Volker Heyse, Jürgen Bausdorf, Klaus Henning Busch, Peter Koch, Werner Preisler. Schriftenreihe zur Kreativitätsförderung in Forschung und Entwicklung. Trainingszentrum für wissenschaftlich-technische Kreativität. Trainingsmaterial in 18 Lehrbriefen. Bauakademie, Berlin 1987/1988.

[23] Volker Heyse, Jürgen Bausdorf, Klaus Henning Busch, Peter Koch, Hans-Jochen Rindfleisch: Vorbereitungsmaterial für internationale Spezialkurse „Kreative Bearbeitung technisch-naturwissenschaftlicher Probleme in interdisziplinären Gruppen" Lehrgangsmaterial Jena/Berlin.

[24] Volker Heyse. ctc – ein komplexes Weiterbildungstraining für problemlösende Kreativität. In [62].

[25] Günter Höhne. Möglichkeiten und Grenzen der Anwendung heuristischer Methoden in der Geräteentwicklung. Feingerätetechnik 21 (1972) 10, S. 460-463.

[26] Günter Höhne. Der konstruktive Entwicklungsprozess. Lehrbrief 1 und 2. TH Ilmenau 1975.

[27] Vladimir Hubka, W. Ernst Eder. Einführung in die Konstruktionswissenschaft. Springer, 1992. ISBN 978-3-642-95674-4

[28] Daniel Kahneman. Schnelles Denken, langsames Denken. Siedlerverlag, München 2012.

[29] Peter Koch, Johannes Müller. Библиотека прогаммов систематической евристики для научных работников и инженеров. Иошкар-Ола 1976.

[30] Peter Koch (Hrsg.). Rationelles Konstruieren – Grundstruktur eines allgemeinen Konstruktionsverfahrens. Technik 33 (1978) Heft 1, S. 17-22.

[31] Peter Koch. Die Präzisierung von Aufgabenstellungen, die Lösungsfindung und die Bewertung von Lösungsvarianten. Lehrbrief Konstruktionstechnik 1 bis 3. Verlag Technik, Berlin 1974.

[32] Peter Koch. Zur Entwicklung erfinderischer Aufgabenstellungen durch die Nutzung der Widerspruchsanalyse bei der Problemerkennung und -präzisierung. Maschinenbautechnik, Band 37, Heft 8, Berlin (1988), S. 340-343.

[33] Peter Koch, Klaus Stanke. Grundlagen des kreativen, innovativen Problem-Bearbeitungs-Prozesse. In [62].

[34] Peter Koch. Entwicklung der Konstruktionswissenschaften von 1950 bis 1990. In [62].

[35] Hansjürgen Linde. Gesetzmäßigkeiten, methodische Mittel und Strategien zur Bestimmung von Entwicklungsaufgaben mit erfinderischer Zielsetzung. Dissertation, TU Dresden 1988.

[36] Udo Lindemann (Hrsg.). Human Behaviour in Design. Springer-Verlag 2003. ISBN 978-3-540-40632-7.

[37] Hans Lohmann. Zur Theorie und Praxis der Heuristik in der Ingenieurerziehung. In Wissenschaftliche Zeitschrift der TH Dresden 9 (1959/60), Heft 4, 1069-1096.

[38] Johannes Müller. Über die Dialektik im Ingenieurdenken. Dissertation, KMU Leipzig 1964.

[39] Johannes Müller. Operationen und Verfahren des problemlösenden Denkens in der konstruktiven Entwicklungsarbeit – Eine methodologische Studie. Habilitation, KMU Leipzig 1966.

[40] Johannes Müller. Voraussetzungen, Grundbegriffe und Prinzipien der Konstruktionswissenschaft. THI XII. IWK (1967) 6, 933-937.

[41] Johannes Müller. Systematische Heuristik für Ingenieure. Technisch-wissenschaftliche Abhandlungen des ZIS Halle/Saale (im Weiteren *TWA*) Nr. 59, 1969.

[42] Johannes Müller. Programmbibliothek zur Systematischen Heuristik für Naturwissenschaftler und Ingenieure. TWA des ZIS Nr. 59 (1969) und Nr. 69 (1970), Zentralinstitut für Schweißtechnik der DDR, Halle/Saale, Seite 5.

[43] Autorenkollektiv unter Leitung von Johannes Müller. Aufgaben zur Rationalisierung und Automatisierung der

technischen Vorbereitung der Produktion. Der Maschinenbau 19 (1970) Heft 1, S. 1-4; Heft 2, S. 53-56; Heft 4, S. 164-166; Heft 7, S. 279-282; Heft 9, S. 415- 418; Heft 10, S. 450-452.

[44] Johannes Müller. Grundlagen der Systematischen Heuristik. Schriften zur sozialistischen Wirtschaftsführung. Dietz-Verlag, Berlin 1970.

[45] Johannes Müller, Peter Koch (Hrsg.). Programmbibliothek für Naturwissenschaftler und Ingenieure. 3. Auflage. TWA Nr. 97–99. Halle/Saale 1973.

[46] Johannes Müller. Methoden muss man anwenden. TWA Nr. 123. Halle/Saale, 1980.

[47] Johannes Müller. Arbeitsmethoden der Technikwissenschaften. Systematik, Heuristik, Kreativität. Springer, Berlin 1990. ISBN 3-540-51661-1.

Im Anhang eine Liste von 46 Veröffentlichungen von Johannes Müller.

[48] Judith Neumer. Neue Forschungsansätze im Umgang mit Unsicherheit und Ungewissheit in Arbeit und Organisation. Zwischen Beherrschung und Ohnmacht. Arbeitspapier, 2009.

[49] Michael A. Orloff. Grundlagen der klassischen TRIZ. Springer 2006. ISBN 978-3-540-34058-4.

[50] Gerhard Pahl (Hrsg.). Physiologische und pädagogische Fragen beim methodischen Konstruieren. Ergebnisse des Ladenburger Diskurses vom Mai 1992 bis Oktober 1993. Verlag TÜF Rheinland, Köln 1994.

[51] Frank Pietzcker. Konstruktion lehren – Wirkung einer konstruktionsmethodischen Ausbildung auf das Konstruieren bei Studenten und Konstrukteuren. Dissertation, TU Dresden 2004.

[52] Dieter Rasch, Günter Herrendörfer, Jürgen Bock, Klaus Henning Busch. Verfahrensbibliothek Versuchsplanung und Auswertung. Landwirtschaftsverlag, Berlin 1978.

[53] Hans-Jochen Rindfleisch, Rainer Thiel. Programm zur Herausarbeitung von Erfindungsaufgaben und Lösungsansätzen in der Technik als systemwissenschaftliche Problemanalyse. Redigierte Fassung. Manuskriptdruck, Juli 1986.

[54] Hans-Jochen Rindfleisch, Rainer Thiel. Zwei KDT-Lehrbriefe. 1988, 1989. Neuauflage 2020 als Heft 21 der Rohrbacher Manuskripte.

[55] Klaus Stanke. AKV – Automatische kundenwunschabhängige Produktionsvorbereitung. TU Dresden/Carl Zeiss Jena/AUTEVO 1968.

[56] Klaus Stanke. Erster Entwurf der Bibliothek heuristischer Programme für Organisatoren und Leiter. Forschungsstelle des MWT. Manuskriptdruck, Karl-Marx-Stadt 1971.

[57] Klaus Stanke. Informationelle Arbeitsmittel (Programme) für Leiter und Organisatoren der F/E. TU Dresden 1974.

[58] Klaus Stanke. Informationelle Arbeitsmittel für Leiter und Organisatoren der Forschung und Entwicklung. Systematische Bearbeitung von Aufgaben durch Leiter und Organisatoren im Bereich F/E unter Nutzung

informationeller Arbeitsmittel. Bibliothek heuristischer
Programme für Leiter und Organisatoren der F/E. WTZ der
VVB Getriebe und Kupplungen. Magdeburg 1975.

[59] Klaus Stanke (Hrsg.). Rationalisierung von
Leitungsprozessen in der wissenschaftlich-technischen
Produktionsvorbereitung. Methodische Anleitung.
Informationsreihe AUTEVO Nr. 18. Jena 1977.

[60] Klaus Stanke u.a. Systematische Heuristik. In:
Ingenieur-Nachrichten, Heft 1/2009, S. 32. Auch erschienen
in *Technik-Geschichten*. Desotron Verlagsgesellschaft, Erfurt
2009. ISBN 978-3932875-37-3.

[61] Klaus Stanke. Handlungsorientierte Kreativitätstechniken.
Für Junge, Einsteiger und Profis mit BONSAI-System der
Kreativitätstechniken. Trafo-Verlag, Berlin 2011.

[62] Klaus Stanke. Website *Problemlösende Kreativität*.
`http://www.problemlösendekreativität.de/`.

[63] Rainer Thiel. Erfinderschulen – Problemlöse-Workshops.
Projekt und Praxis. Stand: 15.7.2017 in [62].

[64] Bernd Thomas. Leitfaden zur Anwendung von
Kreativitätstechniken. Zur Unterstützung der Vermittlung
von Kreativitätstechniken an MINT-Gymnasien. VBIW,
Frankfurt (Oder) 2018.

[65] Bernd Thomas. Unterstützung bei der Vermittlung von
Kreativitätstechniken an einer MINT-Spezialschule. In:
Gerhard Banse, Norbert Mertzsch (Hrsg.): Von der Idee zur
Technologie – Kreativität im Blickpunkt. Sitzungsberichte

der Leibniz-Sozietät der Wissenschaften, Bd. 138, Berlin 2019. S. 57-68. ISBN 978-3-86464-175-6.

[66] Bernd Thomas, Frank Heinrich. Förderung von Kreativität in der Ausbildung. In: Bernd Meier (Hrsg.): Bildung und Wirtschaft, Bildung zwischen Markt und Staat. Abhandlungen der Leibniz-Sozietät der Wissenschaften, Bd. 61, Berlin 2020, S. 151-154. ISBN 978-3-86464-212-8

[67] Technische Universität Chemnitz 180 Jahre – Jubiläumsausstellung. Eine Präsentation der TU Chemnitz im SMAC. Universitätsarchiv 131700-7112 50 20. 2016

[68] Dietmar Zobel. Erfinderfibel. Deutscher Verlag der Wissenschaften, Berlin 1984, 1987.

[69] Dietmar Zobel. Erfinderpraxis – Ideenvielfalt durch systematisches Erfinden. Deutscher Verlag der Wissenschaft, Berlin 1987, 1991.

[70] Dietmar Zobel. Systematisches Erfinden: Methoden und Beispiele für den Praktiker. Expert Verlag, Renningen. 6. Auflage 2019.